Inhaltsverzeichnis

Dieses Heft gehört:		Klasse:	

Potenzieren und Wurzelziehen

▶ Grundwissen

- Die Umkehrung des Potenzierens ist das Wurzelziehen.
- Die n-te Wurzel aus a ist die Zahl x, die n-mal mit sich selbst multipliziert a ergibt.

Beispiel:

$3^4 = 3 \cdot 3 \cdot 3 \cdot 3 =$ ____ $\sqrt[4]{81} =$ ____

$\sqrt[4]{81} = 3$, denn $3 \cdot 3 \cdot 3 \cdot 3 =$ ____

▶ Auftrag: Ergänze das Beispiel.

Trainieren

1 Ergänze die Zahlen. Arbeite ohne Taschenrechner.
Hinweis: $x^0 = 1$ für $x \neq 0$

	$n=0$	$n=1$	$n=2$	$n=3$	$n=4$	$n=5$
10^n						
2^n						
3^n						
5^n						

2 Gib die Ergebnisse an. Nutze die Ergebnisse in der Tabelle bei Aufgabe **1**.
Hinweis: Zwei Ergebnisse sind nicht aus der Tabelle ablesbar.

a) $\sqrt[3]{1\,000} =$ ____ b) $\sqrt[3]{27} =$ ____ c) $\sqrt[3]{8} =$ ____ d) $\sqrt[2]{100} =$ ____

e) $\sqrt[5]{100\,000} =$ ____ f) $\sqrt[6]{64} =$ ____ g) $\sqrt[2]{25} =$ ____ h) $\sqrt[5]{1024} =$ ____

3 Ermittle jeweils ohne Taschenrechner wie bei **a**, zwischen welchen natürlichen Zahlen das Ergebnis liegt.

a) $7 < \sqrt[2]{55} <$ ____, denn $7^2 = 49$ und $8^2 = 64$ b) ____ $< \sqrt[2]{101} <$ ____, denn ____

c) ____ $< \sqrt[3]{55} <$ ____, denn ____ d) ____ $< \sqrt[5]{101} <$ ____, denn ____

4 Gib jeweils das Ergebnis an. Überprüfe es durch Potenzieren.
Hinweis: Arbeite ohne Taschenrechner.

a) $\sqrt[3]{0{,}001} =$ ____, denn ____ b) $\sqrt[3]{0{,}125} =$ ____, denn ____

c) $\sqrt[4]{0{,}000\,1} =$ ____, denn ____ d) $\sqrt[4]{0{,}0081} =$ ____, denn ____

5 Ergänze jeweils die fehlende Zahl.
Hinweis: Nutze, wenn nötig, einen Taschenrechner.

a) $\square^5 = 3\,125$ b) $\square^4 = 0{,}2401$ c) $1{,}2^{\square} = 1{,}728$ d) $2{,}1^{\square} = 19{,}4481$

e) $(-4)^3 = \square$ f) $(-5)^5 = \square$ g) $(-7)^4 = \square$ h) $8^{\square} = 512$

i) $\square \cdot \sqrt[3]{1000} = 20$ j) $\sqrt[3]{1} + \sqrt[3]{\square} = 7$ k) $\sqrt[3]{8} \cdot \sqrt[3]{\square} = 6$ l) $\sqrt[3]{200 - \square} = 5$

6 Ermittle die Kantenlängen a von Würfeln mit dem Volumen V. Runde, wenn nötig, auf Hundertstel Dezimeter. Was fällt auf?

V	$1\,dm^3$	$10\,dm^3$	$100\,dm^3$	$1\,000\,dm^3$	$10\,000\,dm^3$	$100\,000\,dm^3$
a						

V	$0{,}27\,dm^3$	$2{,}7\,dm^3$	$27\,dm^3$	$270\,dm^3$	$2\,700\,dm^3$	$27\,000\,dm^3$
a						

Folgendes fällt auf:

Anwenden und Vernetzen

7 Ein Würfel besteht durch und durch aus Glas. Er hat eine Dichte von 2,5 g pro Kubikzentimeter.

a) Einer der Glaswürfel hat 10 cm lange Kanten.
Ermittle seine Masse in Kilogramm.

b) Aus 50 kg Glas soll ein Würfel gegossen werden.
Ermittle seine Kantenlänge in Dezimetern. Runde auf Zehntel Dezimeter.

8

$\sqrt{1}$ = ______

$\sqrt{121}$ = ______

$\sqrt{12\,321}$ = ______

$\sqrt{1\,234\,321}$ = ______

$\sqrt{123\,454\,321}$ = ______

______ = ______

______ = ______

______ = ______

Berechne zuerst die Quadratwurzeln mit einem Taschenrechner.
Gib danach an, wie es weitergeht.
Zusatzaufgabe: Formuliere eine Vermutung und überprüfe sie.

Zehnerpotenzen

▶ Grundwissen

Sehr große bzw. sehr kleine Zahlen kann man mithilfe von Zehnerpotenzen platzsparend darstellen.
In der wissenschaftlichen Schreibweise wird die Zahl als Produkt geschrieben, bei dem der erste Faktor eine Zahl zwischen 1 und 10 und der zweite Faktor eine Zehnerpotenz ist.

Beispiele:

$31\,000\,000 = 3{,}1 \cdot 10\,000\,000 =$ ______ · ______ $0{,}000\,001\,2 =$ ____________________

▶ Auftrag: Ergänze die Beispiele.

Trainieren

1 Schreibe mit Zehnerpotenzen wie bei **a**.

a) $84\,000 = 8{,}4 \cdot 10\,000 = 8{,}4 \cdot 10^4$ b) $1\,200\,000 =$ ____________________

c) $176\,000 =$ ____________________   d) $28\,540\,000 =$ ____________________

e) $0{,}008 =$ ____________________   f) $0{,}000\,023 =$ ____________________

g) $0{,}000\,76 =$ ____________________   h) $0{,}000\,491 =$ ____________________

2 Schreibe als Dezimalzahl wie bei **a**.

a) $2{,}8 \cdot 10^3 = 2{,}8 \cdot 1\,000 = 2\,800$ b) $6{,}8 \cdot 10^6 =$ ____________________

c) $7{,}9 \cdot 10^5 =$ ____________________   d) $8{,}91 \cdot 10^5 =$ ____________________

e) $8 \cdot 10^{-6} =$ ____________________   f) $7 \cdot 10^{-5} =$ ____________________

g) $9{,}2 \cdot 10^{-8} =$ ____________________   h) $7{,}36 \cdot 10^{-4} =$ ____________________

3 Ergänze die Tabelle zu den Vorsätzen und deren Bedeutung.
Zusatzaufgabe: Nenne jeweils ein Beispiel für eine Größenangabe mit dem Vorsatz.

Faktoren, mit denen die Einheit multipliziert wird		
Faktor	Bedeutung	Vorsatz
		Deka (da)
		Hekto (h)
		Kilo (k)
	Million	Mega (M)
	Milliarde	Giga (G)
$10^{12} = 1\,000\,000\,000\,000$		Tera (T)

Faktoren, mit denen die Einheit multipliziert wird		
Faktor	Bedeutung	Vorsatz
		Dezi (d)
		Zenti (c)
		Milli (m)
$10^{-6} = 0{,}000\,001$		Mikro (µ)
	Milliardstel	Nano (n)
	Billionstel	Piko (p)

4 Ergänze.

a) $\frac{1}{1\,000} = 10^{\square} =$ ______   b) $\frac{\square}{\square} = 10^{\square} = 0{,}000\,01$

5 Ordne die Taschenrechnerangaben nach der Größe.
Beginne mit der kleinsten Zahl.

8*10^–7 | 7.0 $^{-8}$ | 8.0 ^{7} | 7*10^8 | 7.8*10^7

---

6 Finde heraus, bei welchen Aufgaben mit der Basis „5“ dein Taschenrechner das Ergebnis automatisch mit abgetrennten Zehnerpotenzen angibt.

Anwenden und Vernetzen

7 Ordne jeweils mit Linien zu.

tausend Millionen	Quadrillion $(10^6)^4 = 10^{24}$
eine Million Billionen	Milliarde $10^3 \cdot 10^6 = 10^9$
die 4-te Potenz einer Million	Billion $10^6 \cdot 10^6 = 10^{12}$
tausend Trillionen	Trilliarde $10^3 \cdot 10^{18} = 10^{21}$
eine Million Millionen	Billiarde $10^3 \cdot 10^{12} = 10^{15}$
tausend Billionen	Quinquillion $(10^6)^5 = 10^{30}$
Anzahl von Zehntausend	Myriade 10^4
die 5-te Potenz einer Million	Trillion $10^6 \cdot 10^{12} = 10^{18}$

8 Eine Strecke ist ein Lichtjahr lang, wenn Licht zum Durchlaufen dieser Strecke ein Jahr benötigt.
Die Lichtgeschwindigkeit beträgt $3 \cdot 10^5 \frac{km}{s}$.

Gib ein Lichtjahr in Kilometern an.

---

9 Um wie viel Zentimeter ist der aus Eisen erbaute Eiffelturm (300 m) an einem Sommertag bei 30 °C höher als im Winter bei –15 Grad °C, wenn sich ein 1 m langer Eisenstab pro Grad Erwärmung um $1{,}2 \cdot 10^{-5}$ m ausdehnt?

Gleichsetzungsverfahren

▶ Grundwissen

1. Forme gegebenenfalls beide Gleichungen nach derselben Variablen um (oder nach dem gleichen Term mit nur einer Variablen), damit das Gleichsetzungsverfahren angewandt werden kann.

   Beispiel: I $y = 6x$
   II $y = 5x + 5$

2. Die Terme ______________________________

   ____

   $6x = 5x + 5 \quad | -5x$
   $x = 5$

3. Die errechnete Lösung in eine gegebene Gleichung einsetzen

   ____

   $y = 6 \cdot 5$
   $y = 30$
   Lösung: $(5 \mid 30)$ ($x \downarrow$, $y \downarrow$)

▶ Auftrag: Betrachte das Beispiel und ergänze die Anweisungen.

Trainieren

1 Stelle jeweils beide Gleichungen nach der im Stern angegebenen Variablen um.
Hinweis: Nutze gegebenenfalls ein zusätzliches Blatt zum Umstellen der Gleichungen.

a) I $y - 7 = 2x$ II $y + 3 = 5x$ ☆ y

I $y = 2$ ______________
II $y = 5$ ______________

b) I $2y = 4 - x$ II $y + 5 = x$ ☆ y

I ______________
II ______________

c) I $30x = 10y - 40$ II $5 + 5y = 20x$ ☆ y

I ______________
II ______________

d) I $y + x = 7$ II $8 + x = 3y$ ☆ x

I ______________
II ______________

e) I $21y = 14 - 7x$ II $y + 2 = x - 1$ ☆ x

I ______________
II ______________

f) I $9x = 63y - 81$ II $6 + 4y = 5x - 3$ ☆ x

I ______________
II ______________

2 Löse die Gleichungssysteme mithilfe des Gleichsetzungsverfahrens.

a) I $y = 4x - 2$ II $y = 3x + 7$

b) I $5x + 7 = y$ II $y = 2x - 2$

c) I $2x = 10y - 6$ II $x = 8y + 3$

3 Markiere den Fehler.

I $7y - 1 = 2x$
II $6y + 4 = 2x$

$7y - 1 = 6y + 4 \quad | -6y$
$y - 1 = 4 \quad | +1$
$y = 5$

Lösung: $(5 \mid 17)$

4 Stelle die Gleichungen zur Berechnung des Werts einer Variablen auf.
Überlege, welche Terme sich zum Gleichsetzen anbieten.
Hinweis: Forme gegebenenfalls eine der Gleichungen im Kopf um.

a) I $4a = 7b + 2$
II $4a = 7 - 3b$

b) I $9c + 7 = d$
II $d = 8 - 0{,}3c - 2$

c) I $2e = 8f - 6$
II $2e = 8f + 36$

d) I $7h = 4g - 2$
II $4g = 4h + 7$

e) I $5i + 7 = k$
II $5k = 2i - 2$

f) I $2l = 10m - 6$
II $8m = 8l + 8$

5 Maja behauptet, das Gleichungssystem hat keine Lösung.
Hat sie recht? Begründe deine Meinung.

I $7a + 4 = 5d$
II $5d = 5 + 7a$

Anwenden und Vernetzen

6 Zwei Internet-Anbieter werben um Neukunden.

a) Für wie viele Stunden monatliche Nutzungsdauer sind die Angebote etwa gleich teuer?

TURBOSURF
nur 0,9 Cent/min*
*zzgl. Grundgebühr 4,99 €/Monat

neu bei
DreamNet
Flatrate in alle Netze für 9 €/Monat

b) Veranschauliche beide Tarife.
Kennzeichne den Bereich, in dem der Tarif DreamNet günstiger ist, und den Bereich, in dem Turbosurf besser abschneidet.

c) Verändere eines der beiden Angebote so, dass die Tarife bei einer Nutzungsdauer von 20 Stunden gleich teuer sind.
Zusatzaufgabe: Überprüft und bewertet eure Vorschläge gegenseitig.

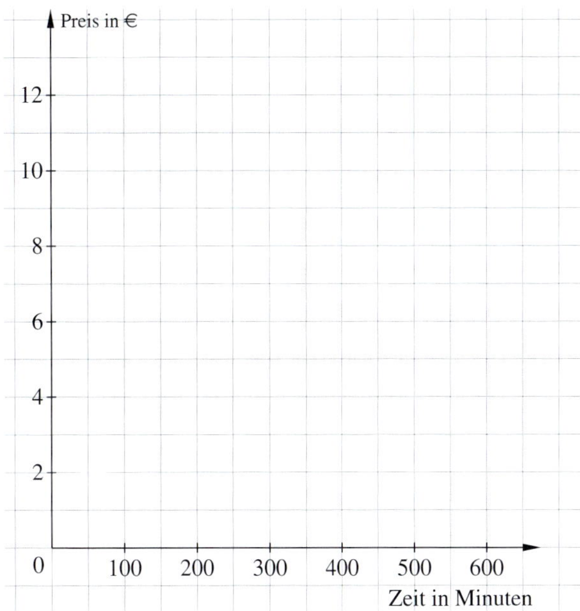

Einsetzungsverfahren

▶ Grundwissen

1. Löse gegebenenfalls eine Gleichung nach einer Variablen auf, damit das Einsetzungsverfahren angewandt werden kann.
2. Den Term der Gleichung, die nach einer Variable aufgelöst ist,
   ____
   ____
3. Die errechnete Lösung in eine gegebene Gleichung einsetzen
   ____

Beispiel:
I $y = \underline{5x}$
II $2y = 2x + 8$

$2 \cdot \underline{5x} = 2x + 8$
$10x = 2x + 8 \quad | -2x$
$8x = 8 \quad | :8$
$x = 1$

$y = 5 \cdot 1$
$y = 5$
Lösung: $(1|5)$

▶ Auftrag: Betrachte das Beispiel und ergänze die Anweisungen.

Trainieren

1 Vervollständige die Schritte beim Lösen der Gleichungssysteme mit dem Einsetzungsverfahren.

a) I $y + x = 7$
II $y = 3x - 5$

$(\_\_\_) + x = 7$
$4x - 5 = 7 \quad | \_\_\_$
$4x = 12 \quad | \_\_\_$
$x = \_\_\_$

$y = 3 \cdot \_\_\_ - 5$
$y = \_\_\_$
Lösung: $(\_\_\_|\_\_\_)$

b) I $2y = 4 - x$
II $y = x - 1$

$2 \cdot (\_\_\_) = 4 - x$
$2x - \_\_\_ = 4 - x \quad | \_\_\_$
$3x - \_\_\_ = 4 \quad | \_\_\_$
$3x = \_\_\_ \quad | \_\_\_$
$x = \_\_\_$

$y = \_\_\_ - 1$
$y = \_\_\_$
Lösung: $(\_\_\_|\_\_\_)$

c) I $x = 3y - 23$
II $6 + 4y = 5x$

$6 + 4y = 5 \cdot (\_\_\_)$
$6 + 4y = \_\_\_ \quad | \_\_\_$
$6 = \_\_\_ \quad | \_\_\_$
$\_\_\_ = 11y \quad | \_\_\_$
$\_\_\_ = y$

$x = 3 \cdot \_\_\_ - 23$
$x = \_\_\_$
Lösung: $(\_\_\_|\_\_\_)$

2 Löse die Gleichungssysteme mithilfe des Einsetzungsverfahrens.

a) I $2y = 8x - 4$
II $y = 3x + 7$

b) I $y = 12x + 8$
II $0{,}5y = 2x - 2$

c) I $y = 10x - 6$
II $x = 8y - 31$

3 Stelle die Gleichungen zur Berechnung des Werts einer Variable auf.
Überlege, welche Terme sich zum Einsetzen anbieten.
Zusatzaufgabe: Überprüfe deine Gleichungen, indem du die Lösungen auf einem zusätzlichen Blatt ermittelst.

a) I $2a = 8b - 2$
II $3a = 12 + 7b$

b) I $8e + 5 = f$
II $2f = 8 + 16e$

c) I $9c + 7d = -3$
II $2 + d = 9 - 5c$

Lösung: $(2\,|\,-3)$ | Lösung: $(-3\,|\,2)$ | Lösung: – | Lösung: $(11\,|\,3)$ | Lösung: $(-8\,|\,-3)$

4 Ordne den Gleichungssystemen die Gleichungen zur Berechnung der ersten Variable zu.
Hinweis: Zeichne fünf Linien ein.

I $y = 7 + x$
II $y + x = 7$

I $2y - 4 = 7 - x$
II $2y = 4 - x$

I $2x = 5y - 12$
II $x = y - 11$

I $2y - 12 = 4x - 2$
II $4x = 8y - 4$

$15y - 69 = 3y - 33$ | $(4 - x) - 4 = 7 - x$ | $2 \cdot (y - 11) = 5y - 12$ | $(7 + x) + x = 7$ | $2y - 12 = (8y - 4) - 2$

Anwenden und Vernetzen

5 Ein Rechteck hat einen Umfang von 19 m. Die eine Seite ist 5 m länger als die andere.
Wie lang sind die Seiten des Rechtecks?

6 Bei einem Handytarif ohne Grundgebühr wird zwischen Haupt- und Nebenzeit unterschieden.
Eine Gesprächsminute in der Hauptzeit kostet 0,11 Euro und in der Nebenzeit 0,07 Euro.
Die Monatsrechnung weist Gesprächsgebühren von 12,30 Euro und eine Gesamtdauer aller Einzelgespräche von 150 Minuten aus.
Wie lange hat der Kunde in der Hauptzeit telefoniert, wie lange in der Nebenzeit?

Additionsverfahren

▶ Grundwissen

1. Forme gegebenenfalls eine oder beide Gleichungen so um, dass beim Addieren eine der Variablen wegfällt.
2. Die jeweils links bzw. rechts stehenden Terme addieren und ______
3. Die errechnete Lösung in eine gegebene Gleichung einsetzen ______

Beispiel:

I $-3y = -4x - 7$
II $2y = 4x + 1$

$-3y + 2y = -4x - 7 + 4x + 1$
$-y = -6 \quad | \cdot (-1)$
$y = 6$

$-3 \cdot 6 = -4x - 7 \quad | +7$
$-11 = -4x \quad | : (-4)$
$2{,}75 = x$

Lösung: $(2{,}75 \mid 6)$

▶ **Auftrag:** Betrachte das Beispiel und ergänze die Anweisungen.

Trainieren

1 Ermittle durch Addieren beider Gleichungen jeweils eine Gleichung mit nur einer Variablen.
Hinweis: Unterstreiche jeweils zuerst den Term mit der Variablen, die wegfallen soll.

a) I $y + x = 17$
II $2y - x = 5$

I + II ______

b) I $-2y = 4 - x$
II $2y + 5 = -x$

I + II ______

c) I $30x = -5y - 40$
II $20x = 5y + 5$

I + II ______

2 Forme jeweils die obere Gleichung so um, dass beim Addieren eine der Variablen wegfällt.
Hinweis: Unterstreiche jeweils zuerst den Term mit der Variablen, die wegfallen soll.

a) I $y + x = 5 \quad | \cdot (-2)$
II $6 + 2x = 4y$

I′ ______
II $6 + 2x = 4y$

I′ + II ______

b) I $y = 14 - 7x \quad | \cdot (-1)$
II $y + 2 = x - 1$

I′ ______
II $y + 2 = x - 1$

I′ + II ______

c) I $2x = 12y - 13 \quad |$ ______
II $6 - 4x = 5y - 3$

I′ ______
II $6 - 4x = 5y - 3$

I′ + II ______

3 Stelle die Gleichungen zur Berechnung des Werts der ersten Variablen auf. Berechne sie damit.
Zusatzaufgabe: Überprüfe deine Gleichungen, indem du die Lösungen ermittelst.

a) I $2a + 7b = -68$
II $a - 5b = 51 \quad | \cdot (-2)$

______
______
______
______

b) I $9c - 10{,}8 = 3d \quad | \cdot 2$
II $-18c + 2d = -9{,}6$

______
______
______
______

c) I $6c + 25{,}5 = 3d \quad | \cdot (-3)$
II $4d = 40{,}5 - 18c$

______
______
______
______

Lösung: $(1 \mid -10)$ Lösung: $(1 \mid 9)$ Lösung: $(0{,}25 \mid 9)$ Lösung: $(0{,}2 \mid -3)$

4 Löse die Gleichungssysteme mithilfe des Additionsverfahrens.

a) I $y = 3x - 8$
II $-2y = -3x + 7$

b) I $5x + 3y = 19$
II $2x - 3y = -5$

c) I $-2x - 10y = 0$
II $y + 2x = 9$

Anwenden und Vernetzen

5 Tom kaufte zwei gleiche Sport-Shirts und drei gleiche Paar Socken für insgesamt 75,50 €. Da ein Sport-Shirt einen Materialfehler hat, gibt er es am nächsten Tag zurück. Er nimmt bei dieser Gelegenheit noch ein Paar der gleichen Socken und erhält an der Kasse 29,00 €.
Tom hat letztendlich ein neues Shirt und vier Paar Socken. Gib den Preis eines Sport-Shirts und den Preis von einem Paar Socken an.

6 Löse die Zahlenrätsel mit einem Verfahren deiner Wahl.

a) Welche beiden Zahlen haben die Summe 16 und die Differenz 2?

b) Das Doppelte einer rationalen Zahl ist um 20 kleiner als die Hälfte einer zweiten.
Die erste Zahl ist um 11 kleiner als die zweite.
Welche Zahlen sind es?

Pyramiden und Kegel erkennen

▶ Grundwissen

- Eine Pyramide ist ein Körper, dessen Grundfläche ein n-Eck ist und dessen Seitenflächen n Dreiecke sind, die eine gemeinsame Ecke, die Pyramidenspitze, bilden.
- Ein Kegel ist ein Körper, der durch einen Kreis und einen Punkt außerhalb der Ebene des Kreises, der Spitze des Kegels, festgelegt wird.

Beispiele:

Pyramide

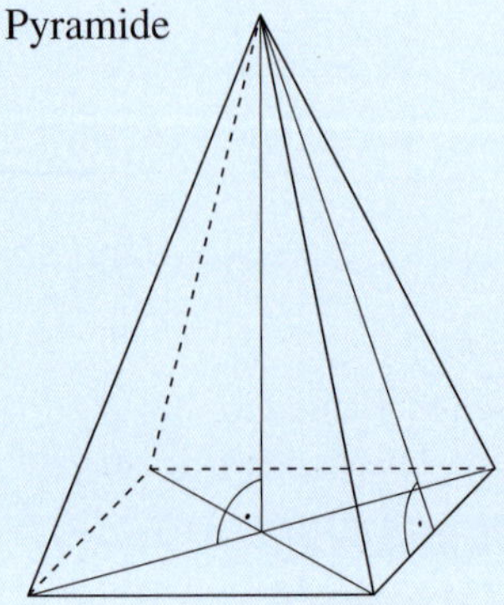

Spitze
Seitenfläche
Grundfläche
Diagonale
Körperhöhe
Seitenhöhe
Seitenkante

Kegel

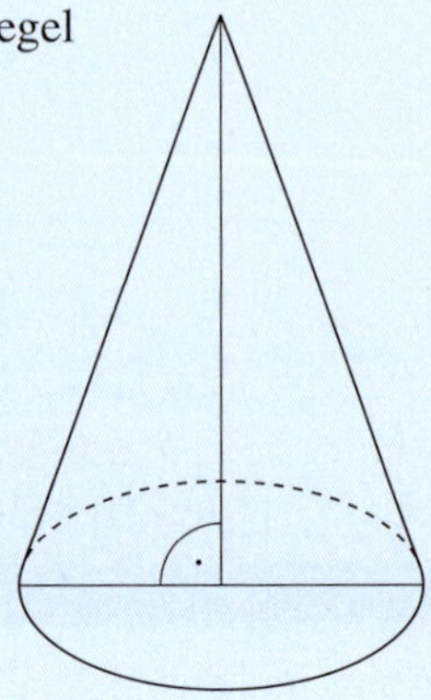

Spitze
Mantelfläche
Grundfläche
Durchmesser
Körperhöhe
Mantellinie

▶ Auftrag: Ordne die Begriffe jeweils der Abbildung zu.

Trainieren

1 Körperzeichnungen

a) Ergänze jeweils die Anzahl der dargestellten Körper.

Pyramiden: ______ Kegel: ______

b) Gib die Form der Grundflächen der Pyramiden an.

____

____

c) Zusatzaufgabe: Benenne möglichst viele der dargestellten Körper.

2 Pyramiden und Kegel im Alltag

a) Entscheide, ob im Alltag oft die Form einer Pyramide (P), eines Kegels (K) oder keines von beidem (n) vorliegt.

① Dach eines Kirchturms	☐ P	☐ K	☐ n
② Spitze eines angespitzten Buntstiftes	☐ P	☐ K	☐ n
③ Kegel einer Kegelbahn	☐ P	☐ K	☐ n
④ Bevölkerungspyramide, z. B. im Geographiebuch	☐ P	☐ K	☐ n
⑤ gewöhnlicher Klebestift	☐ P	☐ K	☐ n

b) Nenne jeweils ein Beispiel für einen Gegenstand mit der Form eines Kegels und mit der Form einer Pyramide.

____

____

3 Schrägbilder

a) Zeichne in die Schrägbilder von Prismen passende Pyramiden ein.
Markiere darin jeweils die Spitze S, die Körperhöhe h_k, eine Seitenhöhe h_a und eine Seitenkante s.

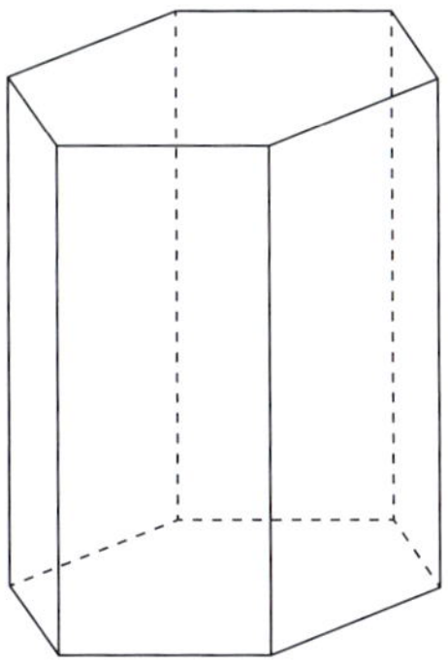

gerade, regelmäßige, sechsseitige Pyramide, die so hoch ist wie das Prisma

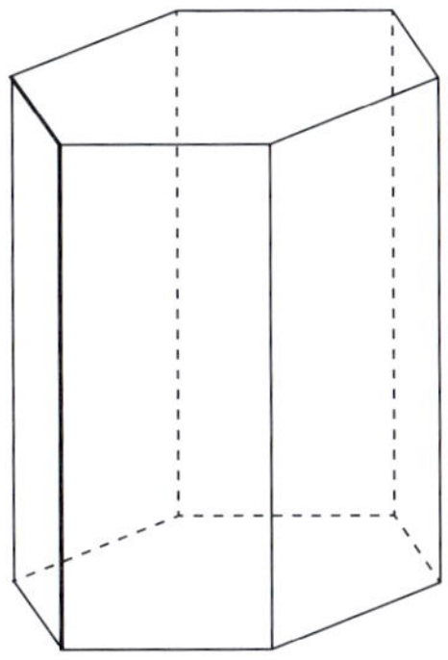

gerade, regelmäßige, sechsseitige Pyramide, die halb so hoch ist wie das Prisma

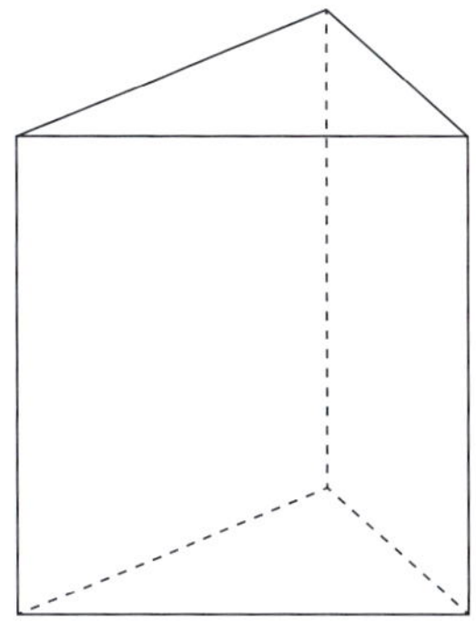

schiefe, regelmäßige, dreiseitige Pyramide, die so hoch ist wie das Prisma

b) Zeichne in die Schrägbilder von Zylindern passende Kegel ein.
Markiere darin jeweils die Spitze S, den Radius r, die Körperhöhe h_k und eine Mantellinie m.

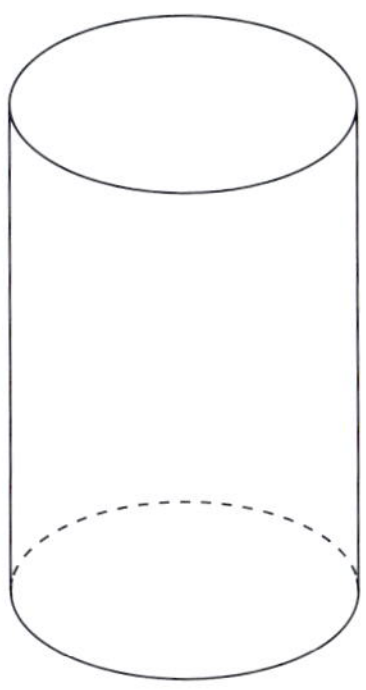

gerader Kegel, der so hoch ist wie der Zylinder

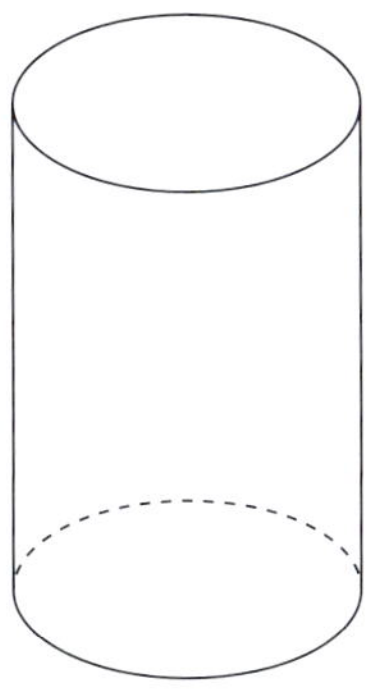

gerader Kegel, der halb so hoch ist wie der Zylinder

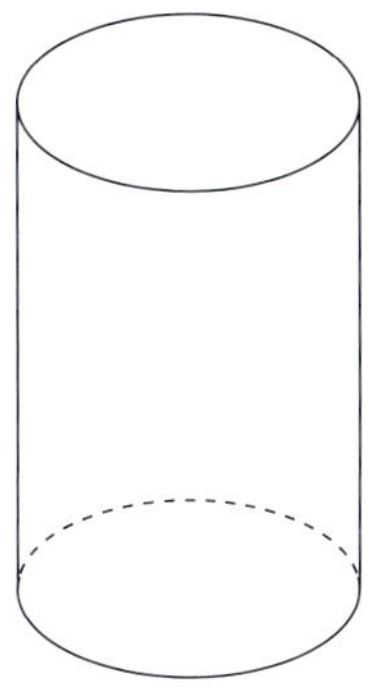

schiefer Kegel, der so hoch ist wie der Zylinder

Anwenden und Vernetzen

4 Zwei Zuckertüten sind 25 cm hoch. Eine hat die Form eines Kegels mit 5 cm Radius. Die andere hat die Form einer geraden sechsseitigen Pyramide mit 10 cm langen Diagonalen.
Zeichne in einem geeigneten Maßstab passende Schrägbilder vom Kegel oder von der Pyramide. Gib den Maßstab an.
Zusatzaufgabe: Zeichne jeweils einen stehenden und einen liegenden Körper.

Oberfläche von Pyramiden

▶ Grundwissen

Für den Oberflächeninhalt einer Pyramide gilt:

____

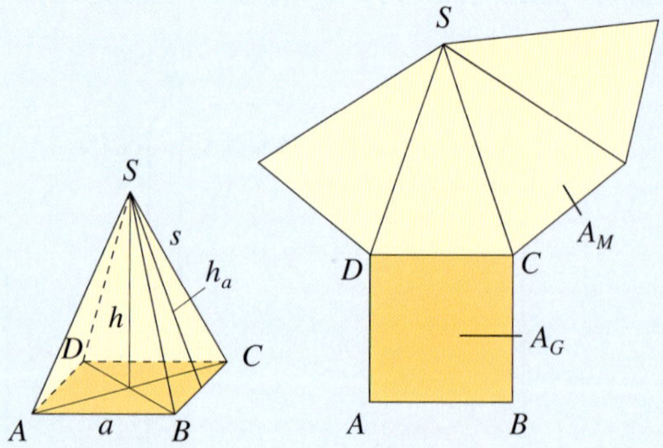

▶ Auftrag: Ergänze eine Formel zu Berechnung der Größe der Oberfläche.

Trainieren

1

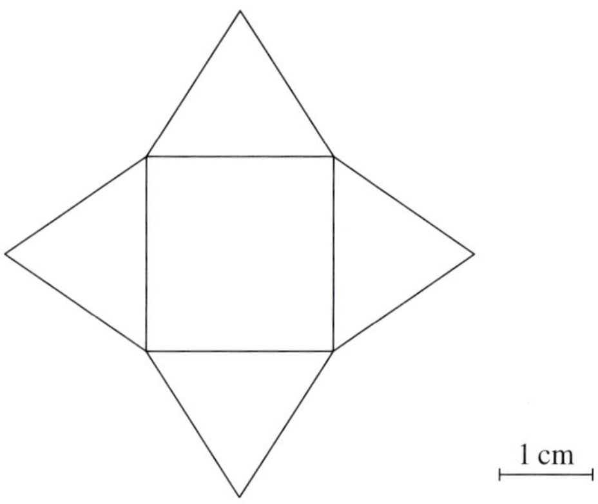

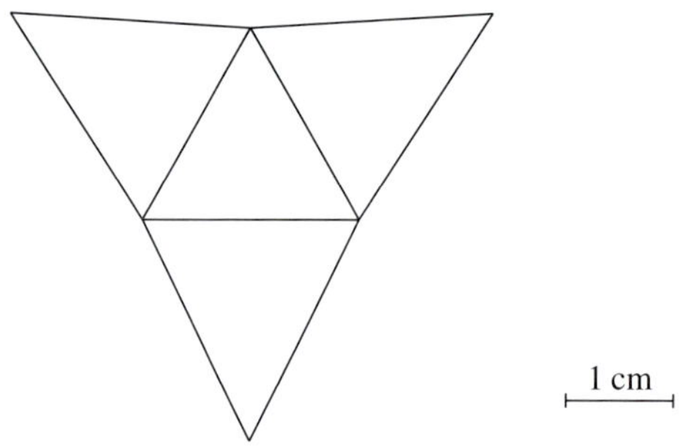

Größe der Grundfläche: ______________ Größe der Grundfläche: ______________

Größe der Mantelfläche: ______________ Größe der Mantelfläche: ______________

Größe der Oberfläche: ______________ Größe der Oberfläche: ______________

a) Ermittle die Größen der Flächen der geraden, regelmäßigen Pyramiden. Entnimm dazu benötigte Angaben den Körpernetzen.

b) Kreuze alle zu beiden Pyramiden passenden Formeln an. Hinweis: Prüfe, ob sie für beide Beispiele gelten.

☐ $A_G = a^2$ ☐ $s = \sqrt{h_a^{\,2} + \left(\frac{a}{2}\right)^2}$

☐ $A_{\text{Seitenfläche}} = \frac{1}{2}\,a \cdot h_a$ ☐ $h_a = \sqrt{s^2 - \left(\frac{a}{2}\right)^2}$

2 Ordne die Pyramidennetze nach der Größe. Beginne jeweils mit dem kleinsten Wert.

a) Grundfläche:

____

b) Mantelfläche:

____

c) Oberfläche:

____

①

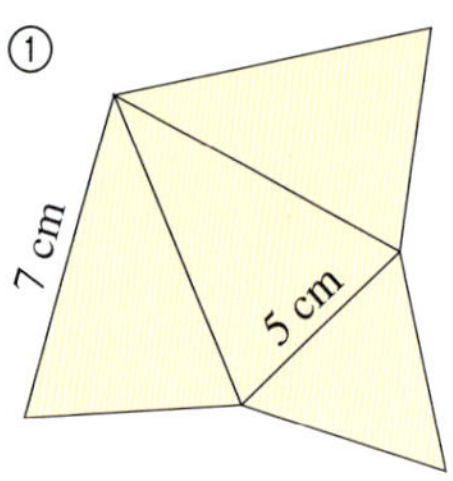

②

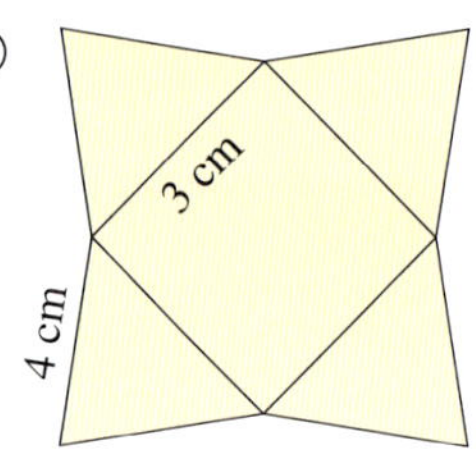

③

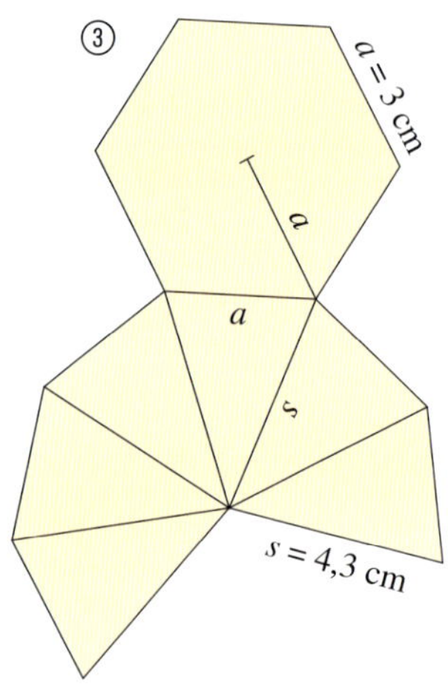

3 Eine gerade Pyramide ist 34 cm hoch und hat eine quadratische Grundfläche mit 56 cm langen Seiten.

a) Berechne die Höhe h_a einer Seitenfläche.
Hinweis: Betrachte die Pyramide im Grundwissen.

b) Berechne den Oberflächeninhalt der Pyramide.

4 Vervollständige die Tabelle für gerade Pyramiden mit quadratischen Grundflächen.
Hinweis: Betrachte die Pyramide im Grundwissen ($A_M = 2\,a\,h_a$).

a	h	A_G	h_a	A_M	A_O
3 cm	5 cm	9 cm²			
		15,37 cm²	2,9 cm		
	7,9 m	375,20 cm²	12,5 m		

Anwenden und Vernetzen

5 Ein Turmdach soll neu gedeckt werden. Die Dachdecker haben ermittelt, dass alle unteren Dachkanten 8 m lang sind und ein Quadrat bilden. Alle schrägen Dachkanten sind 9 m lang.
Jeder der neuen Ziegel deckt eine Fläche von 15 cm mal 12 cm ab.
Berechne die Anzahl der benötigten Ziegel.

6 Eine 12 cm hohe Schachtel hat die Form einer geraden Pyramide.
Die Grundfläche ist ein regelmäßiges Achteck mit 7 cm langen Seiten und $h_a \approx 8{,}45$ cm.

a) Berechne den Oberflächeninhalt der Pyramide.

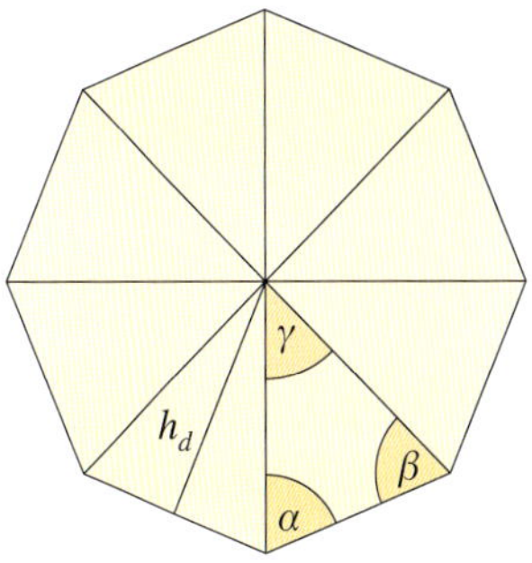

b) Karl betrachtet das Achteck und behauptet: „α ist genau 86° groß."
Hat er Recht? Begründe deine Meinung mithilfe einer Rechnung.

Oberfläche von Kegeln

▶ Grundwissen

Für den Oberflächeninhalt eines Kegels gilt:

$A_O =$ ____________________

$A_G =$ ____________________

$A_M =$ ____________________

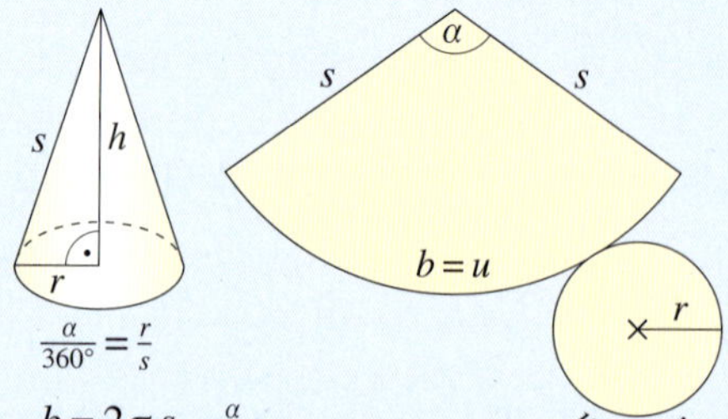

$\frac{\alpha}{360°} = \frac{r}{s}$

$b = 2\pi s \cdot \frac{\alpha}{360°}$

$u = 2\pi r$

▶ Auftrag: Ergänze die Formeln.

Trainieren

1

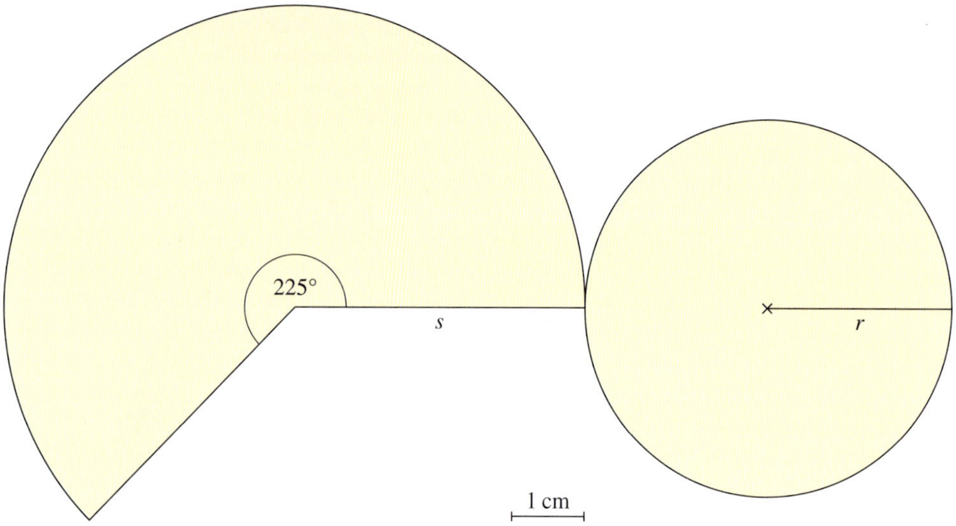

Ermittle die Größen der Flächen des geraden Kegels. Entnimm dazu benötigte Angaben dem Körpernetz.

Größe der Grundfläche: ____________________

Größe der Mantelfläche: ____________________

Größe der Oberfläche: ____________________

2 Berechne den Flächeninhalt der Grundfläche, des Mantels und der Oberfläche der Kegel.

a)

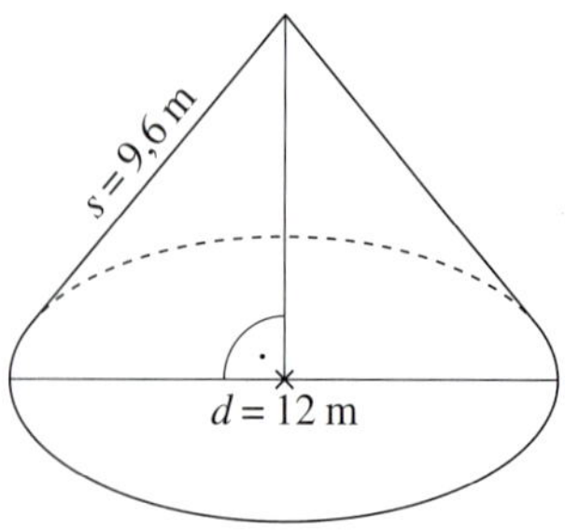

b)

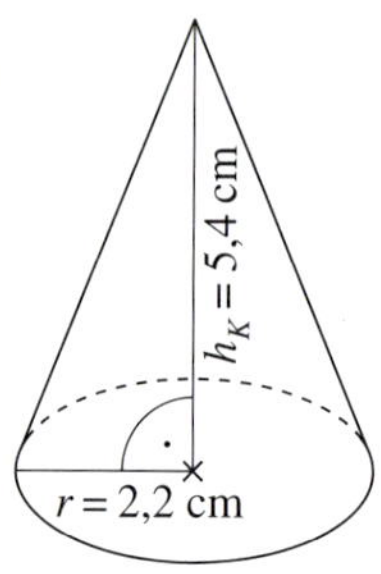

____________________ ____________________

____________________ ____________________

____________________ ____________________

3 Zeichne das Netz eines Kegels mit einem Durchmesser von 2,6 cm und einer Seitenhöhe von 2,1 cm. Berechne den Oberflächeninhalt.

4 Vervollständige die Tabelle für Kegel.
Hinweis: Betrachte dazu die Abbildungen im Grundwissen.

r	s	A_M	A_G	A_O
4 dm	8 dm			
8 m	15,2 m			
25,6 m	27,5 m			
	29,8 cm		201,06 cm^2	

Anwenden und Vernetzen

5 Auf dem Bild ist ein Kletterturm zu sehen, der „Kegel" genannt wird. Er befindet sich in Berlin.
Der Turm hat eine Gesamthöhe von 18,70 m. Der Zylinder hat einen Umfang von 44 m und eine Höhe von 10,7 m.
Berechne näherungsweise die Größe der Fläche im Außenbereich, die den Kletterern zur Verfügung steht.

6 Das Körpernetz eines Kegels besteht aus einem Viertelkreis mit einem Radius von 10 cm und einem Kreis.

a) Welchen Oberflächeninhalt hat der zugehörige Kegel?
Hinweis: Berechne zuerst den Radius der Grundfläche.
Zusatzaufgabe: Bastle einen derartigen Kegel.

b) Schätze, wie groß das Volumen des zugehörigen Kegels ist.
Kreuze alle passenden Angaben an.

- ☐ ca. 6 cm^2
- ☐ ca. $6 \cdot 10^{-5}$ m^3
- ☐ ca. $6 \cdot 10^3$ mm^3
- ☐ ca. 0,006 dm^3
- ☐ ca. 60 cm^3
- ☐ 6000 mm^3

Volumen von Pyramiden und Kegeln

▶ Grundwissen

- Für das Volumen einer Pyramide gilt:

  $V_{\text{Pyramide}} =$ ______________________

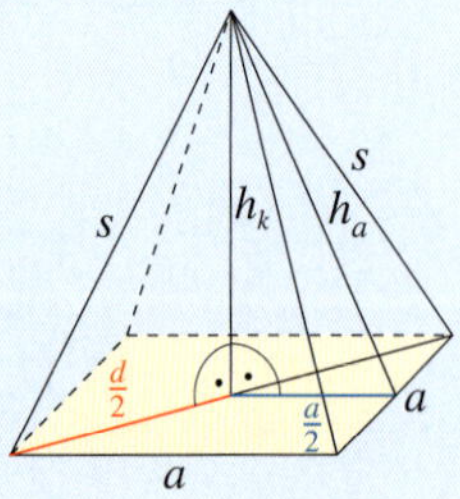

- Für das Volumen eines Kegels gilt:

  $V_{\text{Kegel}} =$ ______________________

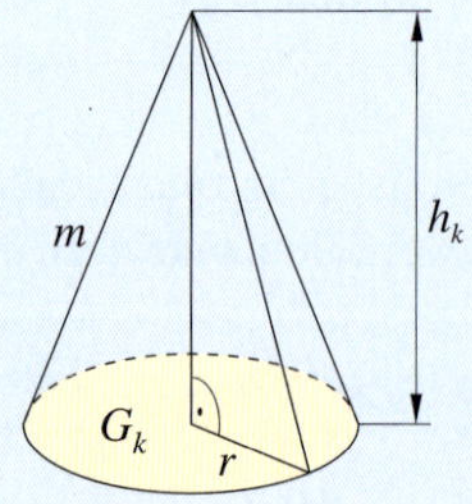

▶ Auftrag: Ergänze die Formeln.

Trainieren

1 Ermittle das Volumen der skizzierten Pyramide.

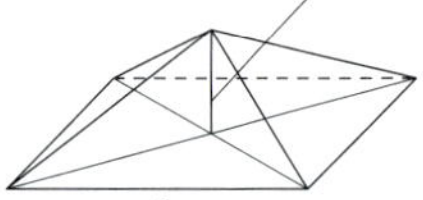

____

____

2 Ergänze die Tabelle für Pyramiden.

Flächeninhalt der Grundfläche	6 cm²	10 dm²		0,25 m²
Höhe	4 cm		11 mm	0,6 m
Volumen		40 dm³	77 mm³	

3 Ermittle das Volumen des skizzierten Kegels.

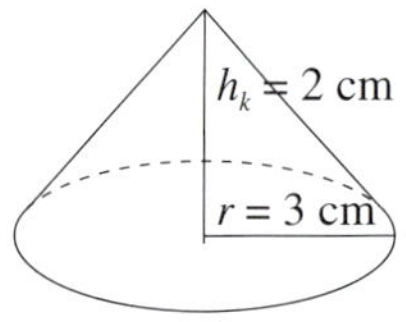

____

____

4 Ergänze die Tabelle für Kegel.

Radius	Durchmesser	Flächeninhalt der Grundfläche	Höhe	Volumen
4 dm			6 dm	
	2 m			12,56 m³
1,5 cm			2 cm	
	2 mm			7,32 mm³

5 Formuliere eine gemeinsame Regel zur Berechnung des Volumens von Pyramiden und Kegeln.

____

6 Ordne die Körper nach der Größe der Volumen. Beginne mit dem kleinsten Wert.
Körper ① ist eine 5 cm hohe quadratische Pyramide mit 2 cm langen Kanten an der Grundfläche.
Körper ② ist ein 5 cm hoher Kegel, dessen Grundfläche einen Durchmesser von 5 cm hat.
Körper ③ ist eine 4 cm hohe rechteckige Pyramide mit 6 cm und 2,5 cm langen Kanten an der Grundfläche.
Körper ④ ist ein 4 cm hoher Kegel, dessen Grundfläche einen Radius von 3 cm hat.

Anwenden und Vernetzen

7 Auf einer Drehmaschine wurde das in der Zeichnung dargestellte Werkstück gefertigt. Es entstehen bei der Drehung um die eingezeichnete Achse Rotationskörper. Die Maße sind in Millimetern angegeben.
Benenne die entstandenen Körper.
Berechne Volumen und Oberflächeninhalt von jedem der beiden Körper.

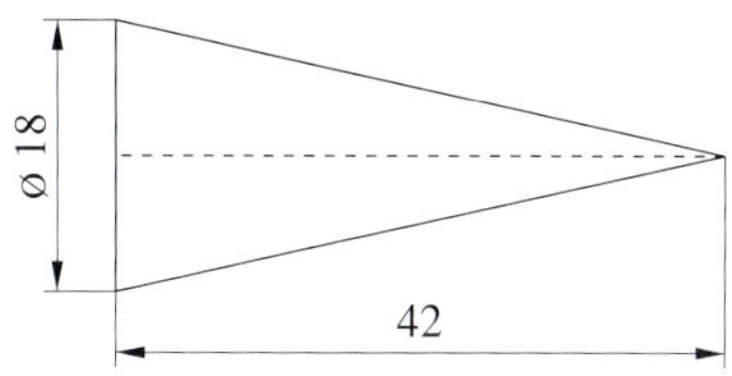

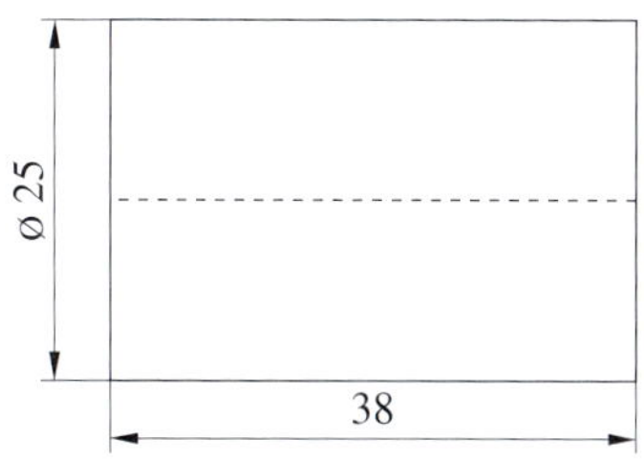

8 Der abgebildete zusammengesetzte Körper soll in einen anderen Raum transportiert werden.
Er besteht durch und durch aus Eisen. 1 cm^3 des Eisens wiegt je 7,8 g.
Für den Transport könnte er in einen Würfel und eine Pyramide mit quadratischer Grundfläche zerlegt werden.
Das ist jedoch sehr aufwendig.
Könntest du den Körper anheben und transportieren?

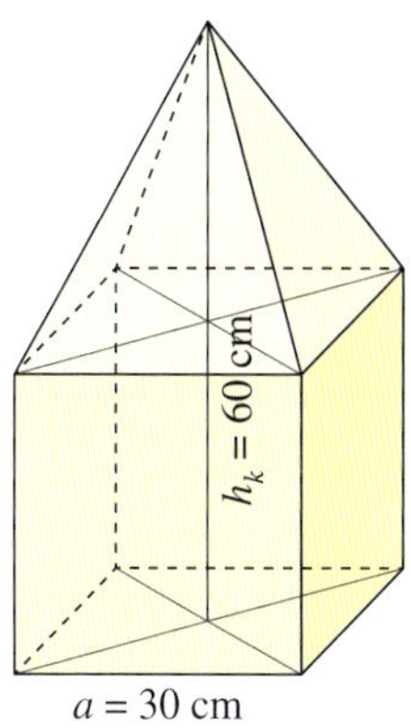

Volumen und Oberfläche von Kugeln

▶ Grundwissen

- Für das Volumen einer Kugel gilt:
  $V = \frac{4}{3}\pi \cdot r^3$. $V =$ ______________________
- Für den Oberflächeninhalt einer Kugel gilt:
  $A_O = 4\pi \cdot r^2$. $A_O =$ ______________________

Beispiel:

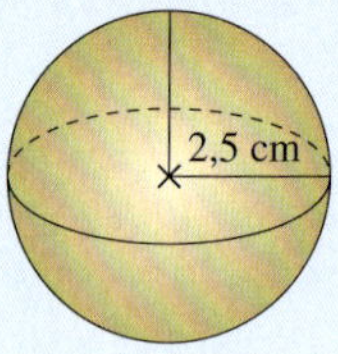

▶ Auftrag: Ergänze das Beispiel.

Trainieren

1 Berechne jeweils das Volumen und den Oberflächeninhalt der Kugel. Runde die Ergebnisse auf Hundertstel.
Hinweis: Nutze zum Rechnen gegebenenfalls ein zusätzliches Blatt.

Radius	7,6 cm	32,1 cm	0,69 cm	99,9 cm
Oberflächeninhalt				
Volumen				

2 Ergänze die Tabelle für Kugeln. Runde die Ergebnisse auf Hundertstel.
Hinweis: Nutze zum Nachrechnen gegebenenfalls ein zusätzliches Blatt.

Radius	3,5 cm			
Durchmesser		4 dm		
Oberflächeninhalt			120 mm²	
Volumen				700 m³

3 Ordne innerhalb von zwei Minuten möglichst viele Werte jeweils einer Kugel zu
(Radius bzw. Durchmesser, Oberflächeninhalt, Volumen).
Markiere einander zugeordnete Größenangaben mit der gleichen Farbe.
Hinweis: Nutze gegebenenfalls zum Nachrechnen ein zusätzliches Blatt.

3,5 cm | 79 cm² | 154 cm² | 4 347 cm²

12 cm² | 180 cm³ | 18,6 cm | 1 cm

26 954 cm³ | 65 cm³ | 4 cm³ | 5 cm

4 Schätze, welchen Oberflächeninhalt und welches Volumen ein Fußball hat.

____

____

5 Untersuche, ob alle Kugeln aus dem gleichen Gusseisen bestehen können. Berechne dazu mithilfe des Volumens die Dichte des Materials, aus dem jeweils die Kugel besteht.
Hinweis: $\varrho = \frac{m}{V}$

	Kugel ①	Kugel ②	Kugel ③	Kugel ④
Masse m	3 000 g	4 000 g	5 000 g	7 260 g
Durchmesser d	9,4 cm	10,3 cm	11,0 cm	12,5 cm
Volumen V				
Dichte ϱ				

Anwenden und Vernetzen

6 Je drei Tennisbälle sollen platz- und materialsparend verpackt werden. Sie haben einen Durchmesser von 6,6 cm. Es bieten sich zylinderförmige oder quaderförmige Schachteln an. Gib jeweils die Raumausnutzung in Prozent an.

7 Einem Würfel mit der Kantenlänge $a = 10$ cm wird eine Kugel einbeschrieben. Um wie viel Prozent sind Volumen und Oberflächeninhalt der Kugel kleiner als die entsprechenden Größen des Würfels?
Hinweis: Überlege zuerst, welchen Durchmesser die Kugel hat.

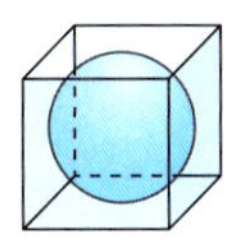

Binomische Formeln

▶ Grundwissen

Die drei binomischen Formeln sind Sonderfälle der Multiplikation von Summen.

1. binomische Formel
$(a + b)^2 = a^2 + 2ab + b^2$

2. binomische Formel
$(a - b)^2 = a^2 - 2ab + b^2$

3. binomische Formel
$(a + b) \cdot (a - b) = a^2 - b^2$

Beispiele:

$(7 + c)^2 =$ ___ $(7 - e)^2 =$ ___ $(7 + g) \cdot (7 - g) =$ ___

(___ $+ 1)^2 = 4d^2 + 4d + 1$ (___ $- 2)^2 = 9f^2 - 12f + 4$ (___ $) \cdot (3h - 9) = 9h^2 - 81$

▶ **Auftrag:** Vervollständige die Beispiele.

Trainieren

1 Ergänze mithilfe der 1. binomischen Formel.

a) $(3 + h) \cdot (3 + h) =$ ___

b) $(5x + y) \cdot$ ___ $= 25x^2 + 10xy$ ___

c) $(z + 10)^2 =$ ___

d) $(9s +$ ___ $)^2 =$ ___ $+ 4t^2$

2 Ergänze mithilfe der 2. binomischen Formel.

a) $(6 - c) \cdot (6 - c) =$ ___

b) $(2x - 4y) \cdot$ ___ $= 4x^2 - 16xy$ ___

c) $(5a - 3b)^2 =$ ___

d) $(7y -$ ___ $)^2 =$ ___ $+ 4z^2$

3 Ergänze mithilfe der 3. binomischen Formel.

a) $(7a - b) \cdot (7a + b) =$ ___

b) $(3c + 10d) \cdot ($ ___ $) = 9c^2 -$ ___

c) ___ $= 0{,}25\,o^2 - 64p^2$

d) $(0{,}2s$ ___ $) \cdot (0{,}2s +$ ___ $) =$ ___ $s^2 - 121t^2$

4 Wende binomische Formeln an.
Gib im Stern die geeignete Formel mit „1“, „2“ oder „3“ an.

a) $(3 + t)^2 =$ ___ ☆

b) $(7 - a) \cdot (7 + a) =$ ___ ☆

c) $(k - 6)^2 =$ ___ ☆

d) $(5s - 2)^2 =$ ___ ☆

e) $(4a + 2b)^2 =$ ___ ☆

f) $(-5 + e) \cdot (-5 - e) =$ ___ ☆

g) $(3u - 4v) \cdot (3u - 4v) =$ ___ ☆

h) $(7 + 9x) \cdot (7 + 9x) =$ ___ ☆

5 Ergänze so, dass die Aussagen wahr sind.

a) $x^2 - 6x + 9 = (x -$ ___ $)^2$

b) $(4 -$ ___ $) \cdot (4 +$ ___ $) = 16 - x^2$

c) $36s^2 + 120s + 100 = (6s +$ ___ $)^2$

d) $16a^2 +$ ___ $+ 16b^2 = (4a + 4b)^2$

e) $25v^2 - 10vw + w^2 = (5v -$ ___ $)^2$

f) $25 -$ ___ $+ 4x^2 = (5 - 2x)^2$

g) $81r^2 - 36s^2 = ($ ___ $+ 6s) \cdot ($ ___ $- 6s)$

h) $49x^2 +$ ___ $xy + 25y^2 = (7x + 5y)^2$

6 Markiere gleichwertige Terme mit der gleichen Farbe.
Hinweis: Du benötigst vier Farben.

$(8x+y)^2$	$(y-8x)^2$	$(-8x+y)^2$	$(-y+8x)\cdot(y+8x)$	$64x^2-y^2$
$(y-8x)\cdot(y+8x)$	$(8x+y)\cdot(8x-y)$	$-64x^2+y^2$	$64x^2+16xy+y^2$	
$-64x^2-8xy+8yx+y^2$	$64x^2+8xy+8xy+y^2$	$64x^2-16xy+y^2$		

7 Berechne mithilfe der binomischen Formeln.

a) $97\cdot 103=(100-3)\cdot(100+3)=$ ______

b) $85\cdot 75=$ ______

c) $69^2=(70-1)^2=$ ______

d) $111^2=$ ______

e) $107\cdot 93=$ ______

f) $398^2=$ ______

Anwenden und Vernetzen

8 Gegeben ist ein Quadrat mit der Seitenlänge c.
Durch Verlängern von c um 2 cm entsteht ein neues Quadrat.
Gib eine Formel zur Berechnung des Flächeninhalts des neuen Quadrates an.

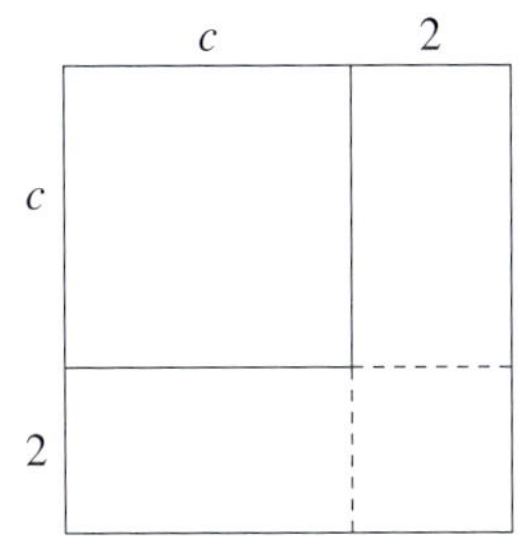

______

______

9 Multipliziere und vereinfache so weit wie möglich.

$(a+b)^3=(a+b)\cdot(a+b)^2=$ ______

______

10 Frau Schmidt hat die Wahl zwischen einem quadratischen Grundstück und einem rechteckigen Grundstück.
Das quadratische Grundstück hat eine Seitenlänge von 20 m.
Die eine Seite des rechteckigen Grundstücks ist 7 m länger und die andere Seite 7 m kürzer als die des quadratischen Grundstücks.
Vergleiche die Fläche der beiden Grundstücke.

______

______

______

______

Verschiebung der Normalparabel

▶ Grundwissen

- Der Graph der Funktion mit der Gleichung $y = x^2$ heißt Normalparabel.
  Der Scheitelpunkt der Parabel ist $S(0\,|\,0)$.
- Verschiebt man die Normalparabel um e in y-Richtung, so lautet die Gleichung der entsprechenden Funktion

  ____

  Der Scheitelpunkt der Parabel ist $S(0\,|\,e)$.
- Verschiebt man die Normalparabel um $-d$ in x-Richtung, so lautet die Gleichung der entsprechenden Funktion

  ____

  Der Scheitelpunkt der Parabel ist $S(-d\,|\,0)$.
- $y = (x + d)^2 + e$ hat den Scheitelpunkt $S(-d\,|\,e)$.

Beispiele:

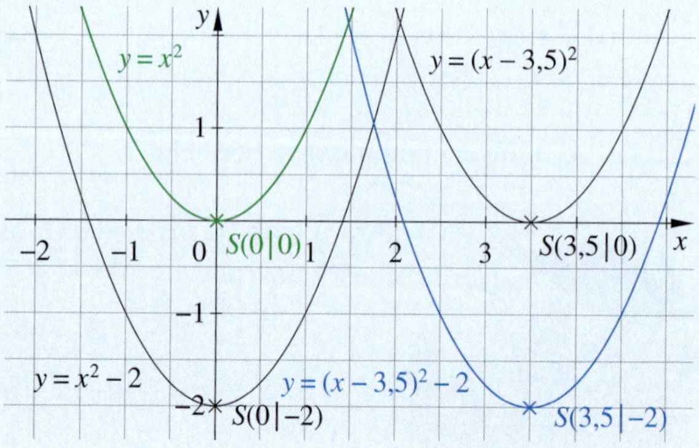

▶ **Auftrag:** Gib jeweils die Funktionsgleichungen an.

Trainieren

1 Koordinatensystem mit verschobenen Normalparabeln

a) Ergänze die fehlenden Werte.

x	−2	−1	0	1	2	3
$y_1 = x^2$	4	1	0	1	4	9
$y_2 = x^2 + 5$						
$y_3 = x^2 - 4$						

x	−2	−1	0	1	2	3
$y_1 = x^2$	4	1	0	1	4	9
$y_4 = (x + 1)^2$						
$y_5 = (x - 2)^2$						

x	−2	−1	0	1	2	3
$y_6 = (x + 1)^2 + 2$						
$y_7 = (x + 1)^2 - 4$						
$y_8 = (x - 2)^2 - 4$						

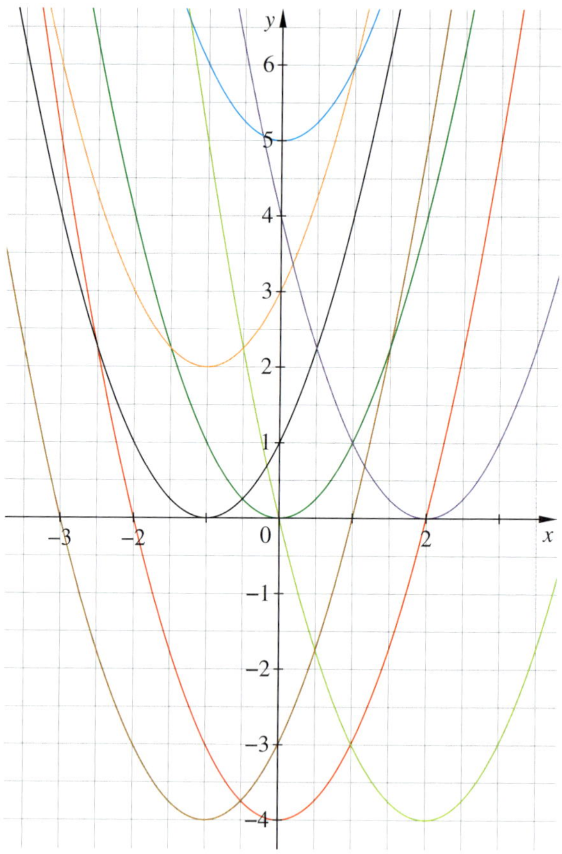

b) Beschrifte zuerst die Graphen.
Gib danach im Koordinatensystem die Scheitelpunkte an.

2 Kreuze alle Parabeln an, die symmetrisch zur y-Achse sind. Gib, wenn möglich, jeweils den Scheitelpunkt S an.
Zusatzaufgabe: Zeichne die Graphen mithilfe eines Funktionenplotters oder einer Tabellenkalkulation.

☐ $y = x^2 + 3$ __________ ☐ $y = x + 7$ __________ ☐ $y = (x + 5)^2$ __________ ☐ $y = 7 - x^2$ __________

3 Nach oben geöffnete verschobene Normalparabeln

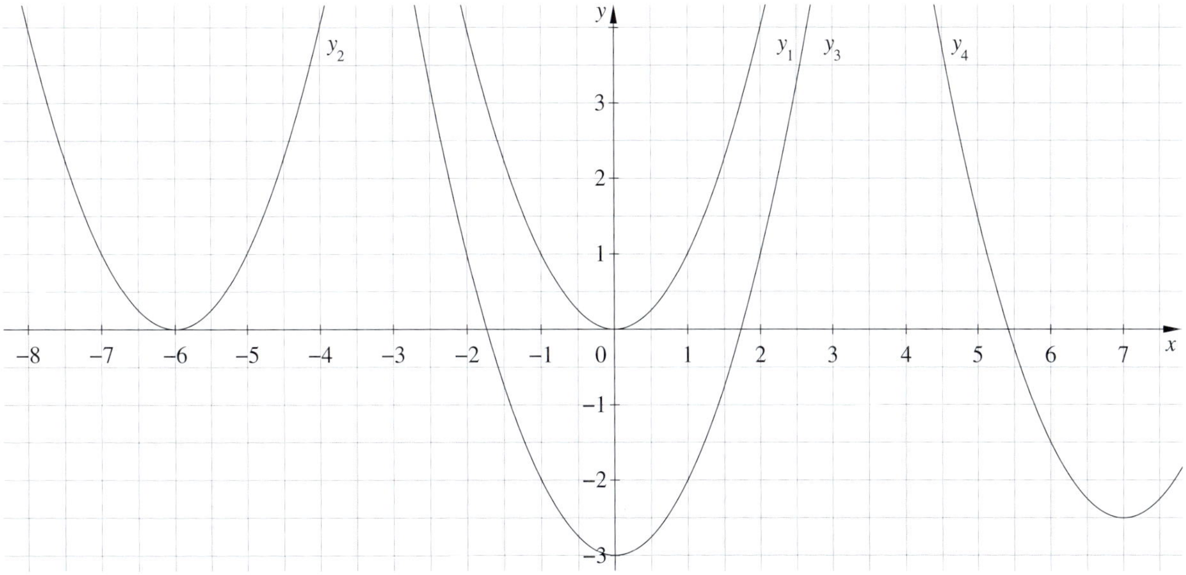

a) Gib die zugehörigen Funktionsgleichungen und die Koordinaten der Scheitelpunkte an.

$y_1 =$ ______ S ______ $y_2 =$ ______ S ______

$y_3 =$ ______ S ______ $y_4 =$ ______ S ______

b) Zeichne im Koordinatensystem die verschobenen Normalparabeln ein und vervollständige die Angaben.
Hinweis: Nutze eine Schablone.

$y_5 = (x - 3{,}5)^2$ S ______ $y_6 =$ ______ $S(-6\,|\,-3)$

$y_7 = (x + 6{,}5)^2 + 3$ S ______ $y_8 =$ ______ $S(0\,|\,3)$

Anwenden und Vernetzen

4 Zeichne zunächst die den Eigenschaften entsprechende verschobene Normalparabel in das Koordinatensystem ein.
Gib danach die Funktionsgleichung an.
Hinweis: Nutze eine Schablone.

a) Der Graph der Funktion f schneidet die x-Achse an den Stellen $x_1 = 1{,}5$ und $x_2 = 3{,}5$.
Die Funktion ist nach unten geöffnet.

______

b) Der Graph von g ist für $x < -1$ fallend und für $x > -1$ steigend.
Der kleinste Funktionswert ist -2.

______

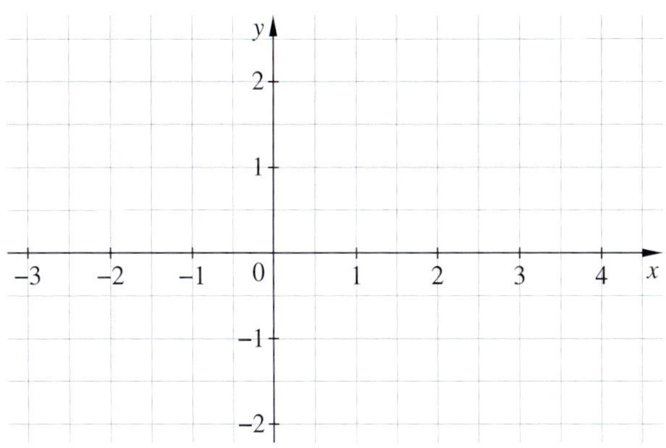

c) Der Graph der Funktion h ist symmetrisch zur Geraden $x = 3$ und verläuft durch den Punkt $P(1\,|\,2)$.

______

d) Die Punkte $P(-3\,|\,2)$ und $Q(-1\,|\,2)$ gehören zum Graphen i.

______

Formänderung der Normalparabel

▶ Grundwissen

Bei quadratischen Funktionen mit Gleichungen der Form $y = ax^2$ bestimmt der Faktor a die Form und die Öffnungsrichtung der Parabel in Richtung der y-Achse gegenüber der Normalparabel.

Für ____________ entsteht eine Normalparabel.

Für ____________ entsteht eine an der x-Achse gespiegelte Normalparabel.

Für ____________ ist die Parabel nach unten geöffnet.

Für ____________ ist die Parabel nach oben geöffnet.

Für ____________ entsteht eine gestauchte Parabel.

Für ____________ entsteht eine gestreckte Parabel.

Beispiele:

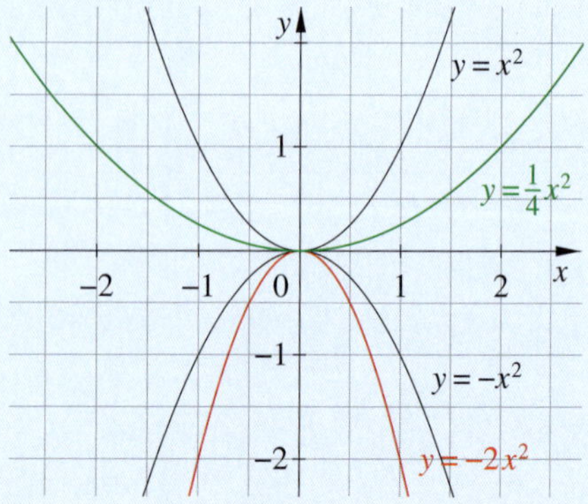

▶ **Auftrag:** Ergänze den Bereich, aus dem der Faktor a jeweils kommt.

Trainieren

1 Normalparabel

a) Ergänze die fehlenden Werte.

x	−2,5	−2	−1	0	1	2	2,5
$y = x^2$	6,25						

b) Zeichne den Graphen von $y = x^2$ ins Koordinatensystem ein.

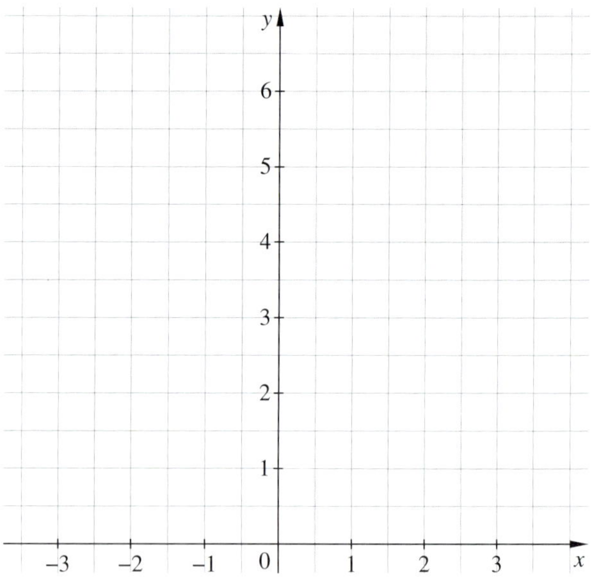

c) Prüfe jeweils mithilfe einer Rechnung, ob der Punkt auf der Normalparabel liegt.
Kreuze die Punkte an, die auf der Normalparabel liegen.

☐ $A(4\,|\,16)$ ____________________

☐ $B(16\,|\,4)$ ____________________

☐ $C(-4\,|\,16)$ ____________________

d) Kreuze Zutreffendes an.

☐ Die Normalparabel ist nach oben geöffnet.
☐ Die Normalparabel ist symmetrisch zur x-Achse.
☐ Die Normalparabel hat den Funktionswert $y = 0$.
☐ Bei einer gestauchten Parabel ist die Öffnung größer als bei der Normalparabel.
☐ Die Normalparabel hat den Scheitelpunkt $Q(0\,|\,0)$.

e) Ermittle jeweils die fehlende Koordinate der vier Punkte auf der Normalparabel.

$E(10\,|$ ____ $)$ $F($ ____ $|\,100)$ $G($ ____ $|\,25)$ $H($ ____ $|\,25)$

f) Ergänze die Wertetabelle zur Normalparabel.

x	−9	−10	−11	−12	−13	−14	15	16	17	18	19	20
y												

2 Beschrifte zuerst die vorgegebenen Graphen.
Ergänze danach die Wertetabellen für die beiden fehlenden Funktionen und zeichne deren Graphen ein.

$y_1 = -0{,}5\,x^2$
$y_2 = 1{,}6\,x^2$
$y_3 = -2{,}5\,x^2$
$y_4 = 0{,}7\,x^2$
$y_5 = 0{,}2\,x^2$
$y_6 = -1{,}5\,x^2$

x	-3	-2	0	2	3
y_5					

x	$-1{,}5$	-1	0	1	$1{,}5$
y_6					

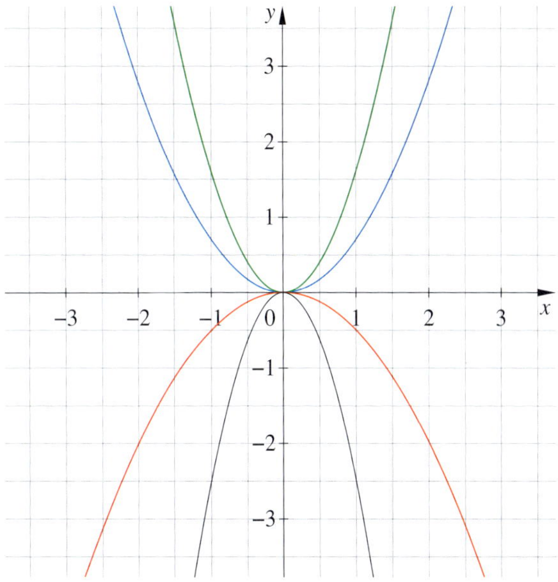

3 Ist die jeweils zugehörige Parabel gestreckt oder gestaucht?
In welche Richtung ist sie geöffnet?
Kreuze Zutreffendes an.

a) $y = 0{,}47\,x^2$ ☐ gestreckt ☐ gestaucht ☐ nach oben geöffnet ☐ nach unten geöffnet

b) $y = -6{,}8\,x^2$ ☐ gestreckt ☐ gestaucht ☐ nach oben geöffnet ☐ nach unten geöffnet

c) $y = \frac{4}{3}x^2$ ☐ gestreckt ☐ gestaucht ☐ nach oben geöffnet ☐ nach unten geöffnet

d) $y = -\frac{3}{4}x^2$ ☐ gestreckt ☐ gestaucht ☐ nach oben geöffnet ☐ nach unten geöffnet

e) $y = 1\,x^2 - 0{,}47$ ☐ gestreckt ☐ gestaucht ☐ nach oben geöffnet ☐ nach unten geöffnet

Anwenden und Vernetzen

4 Gegeben ist der Punkt $O\,(3\,|\,27)$ der Parabel mit der Funktionsgleichung $y = ax^2$.
Ermittle den Faktor a und begründe deine Antwort.

____

____

5 In der Abbildung siehst du eine Hängebrücke.
Ihre Spannweite beträgt 50 m, die Höhe der oberen Befestigungspunkte über der Fahrbahn beträgt 15 m.

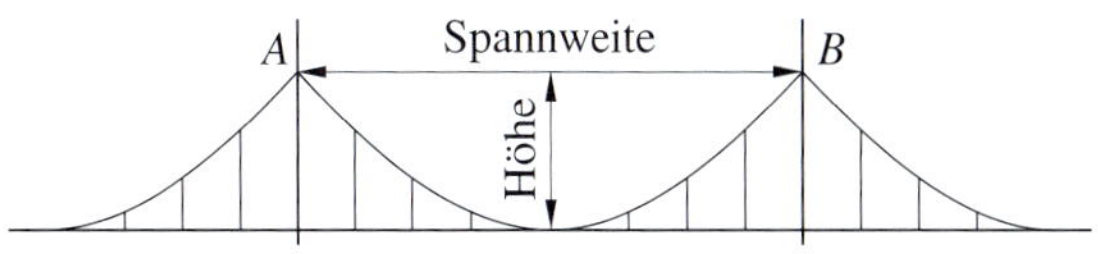

Die Hauptseile im mittleren Abschnitt hängen annähernd parabelförmig durch.
Fertige eine Skizze an und bestimme die Gleichung der Form $f(x) = ax^2$, die den Verlauf der Hauptseile beschreibt.

____

____

____

____

____

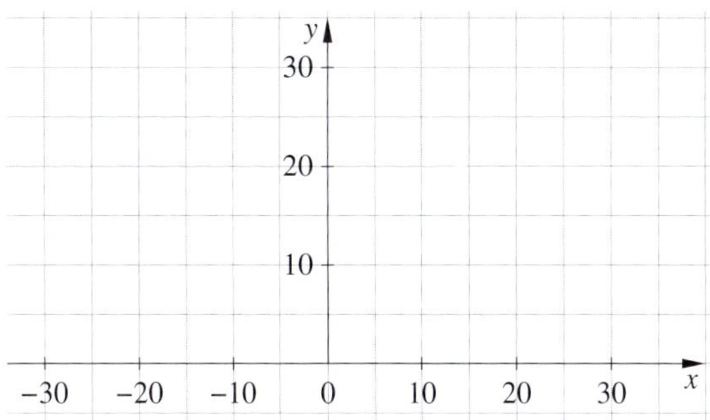

Allgemeine Form und Scheitelpunktform

▶ Grundwissen

- Jede Gleichung einer quadratischen Funktion in Scheitelpunktform $y = a(x-d)^2 + e$ (mit $a \neq 0$) kann in die allgemeine Form $y = ax^2 + bx + c$ umgeformt werden und umgekehrt.
- Für $a = 1$ gilt: $y = x^2 + bx + c = \left(x + \frac{b}{2}\right)^2 - \left(\frac{b}{2}\right)^2 + c$.

Beispiel: $y = x^2 + 2x - 4 = \left(x + \frac{\square}{2}\right)^2 - \left(\frac{\square}{2}\right)^2 - \square = (x+1)^2 - 5$ Scheitelpunkt: $S(-1\,|\,-5)$

$y = (x+1)^2 - 5 = x^2 + 2x + 1 - 5 = x^2 + 2x - 4$

▶ Auftrag: Ergänze das Beispiel.

Trainieren

1 Wandle jeweils in die allgemeine Form $y = ax^2 + bx + c$ um.

a) $y = (x+7)^2 =$ ______

b) $y = (x-5)^2 =$ ______

c) $y = (x+3)^2 + 6 =$ ______

d) $y = (x-9)^2 - 2 =$ ______

e) $y = 2(x+4)^2 - 10 =$ ______

f) $y = -10(x-1)^2 + 2 =$ ______

2 Wandle jeweils in die Scheitelpunktform $y = a(x-d)^2 + e$ (mit $a \neq 0$) um. Gib die Koordinaten des Scheitelpunktes S an.

a) $y = x^2 + 8x + 16 =$ ______ $S($__ | __$)$

b) $y = x^2 - 20x + 100 =$ ______ $S($__ | __$)$

c) $y = x^2 - 10x + 26 =$ ______ $S($__ | __$)$

d) $y = x^2 - 16x + 57 =$ ______ $S($__ | __$)$

e) $y = 2x^2 - 8x + 20 =$ ______ $S($__ | __$)$

3 Die verschobenen Normalparabeln haben jeweils den Scheitelpunkt S.
Gib die Scheitelpunktform und die allgemeine Form der Gleichung der Funktion an.

a) ______ $S(5\,|\,1)$

b) ______ $S(8\,|\,-7)$

c) ______ $S(-4\,|\,-5)$

d) ______ $S(10\,|\,-6)$

e) ______ $S(-0{,}2\,|\,-0{,}3)$

f) ______ $S(\frac{1}{2}\,|\,2)$

4 Parabeln im Koordinatensystem

$y_1 = -x^2 - 4x - 4 =$ ______________

$y_2 = x^2 - 4x + 4 =$ ______________

$y_3 = x^2 + 4x + 1 =$ ______________

$y_4 = -x^2 + 4x - 7 =$ ______________

$y_5 = -2x^2 - 8x - 8 =$ ______________

$y_6 = 3x^2 - 12x + 15 =$ ______________

a) Wandle jeweils in die Scheitelpunktform um.

b) Gib im Koordinatensystem die Scheitelpunkte an und beschrifte die vorgegebenen Graphen.

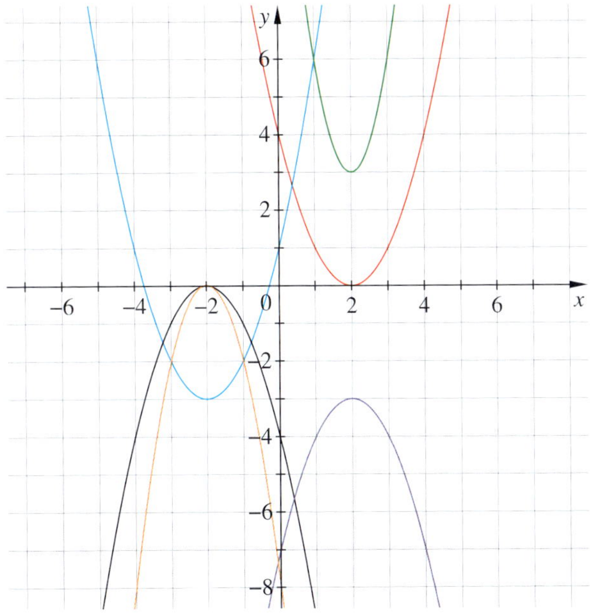

Anwenden und Vernetzen

5 Das Foto zeigt die Lupu-Brücke über den Huangpu-Fluss im Zentrum von Shanghai.
Sie war zum Zeitpunkt ihrer Fertigstellung 2003 die weltweit größte Bogenbrücke.
Die Bogenspannweite beträgt 550 m. Der Bogenscheitel hat eine Höhe von 100 m über dem Wasserspiegel.
Skizziere zuerst den fast parabelförmigen Bogen der Brücke in einem Koordinatensystem.
Gib danach eine Funktionsgleichung für den Verlauf des parabelförmigen Bogens an.

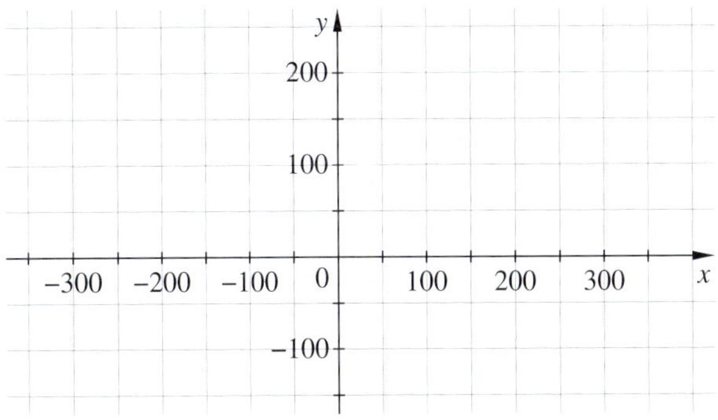

____

____

____

6 Gegeben ist die Funktionsgleichung $y = -0{,}8x^2 - 26x$.

a) Kreuze Zutreffendes an.

Der Graph der Funktion $y = -0{,}8x^2 - 26x$ ist …

☐ eine Gerade	☐ ein Kreisbogenteil	☐ eine Parabel	☐ eine Normalparabel
☐ nach oben geöffnet	☐ nach unten geöffnet	☐ nach links verschoben	☐ nach rechts verschoben
☐ gestaucht	☐ gestreckt	☐ achsensymmetrisch	☐ punktsymmetrisch

b) Ermittle den größten Funktionswert von $y = -0{,}8x^2 - 26x$. Forme in Scheitelpunktform um oder nutze einen Funktionsplotter.

____

____

Nullstellen quadratischer Funktionen

▶ Grundwissen

- Die x-Werte, zu denen der y-Wert 0 ist, werden Nullstellen genannt.
- Eine quadratische Funktion kann entweder keine, eine oder zwei Nullstellen haben.

Beispiele:

$y_1 = 4(x+1)^2 + 1$ hat keine Nullstelle.

$y_2 = (x-3)^2$
$0 = (3-3)^2$
$x = 3$ ist die einzige Nullstelle.

$y_3 = x^2 - 1$
$0 = x^2 - 1$
$0 = 1^2 - 1$ und $0 = (-1)^2 - 1$
$x_1 = 1$ und $x_2 = -1$ sind die Nullstellen.

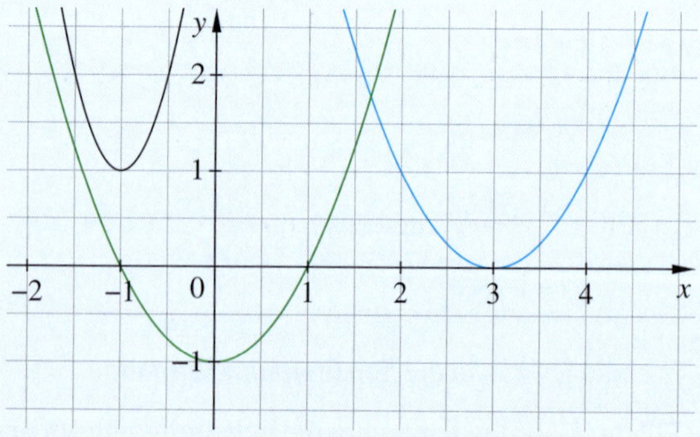

▶ **Auftrag:** Beschrifte die Graphen und markiere die Nullstellen.

Trainieren

1 Markiere zuerst die Nullstellen und ordne die Funktionsgleichungen zu.
Überprüfe danach, wenn möglich, mithilfe einer Rechnung die Zuordnung der Nullstellen.

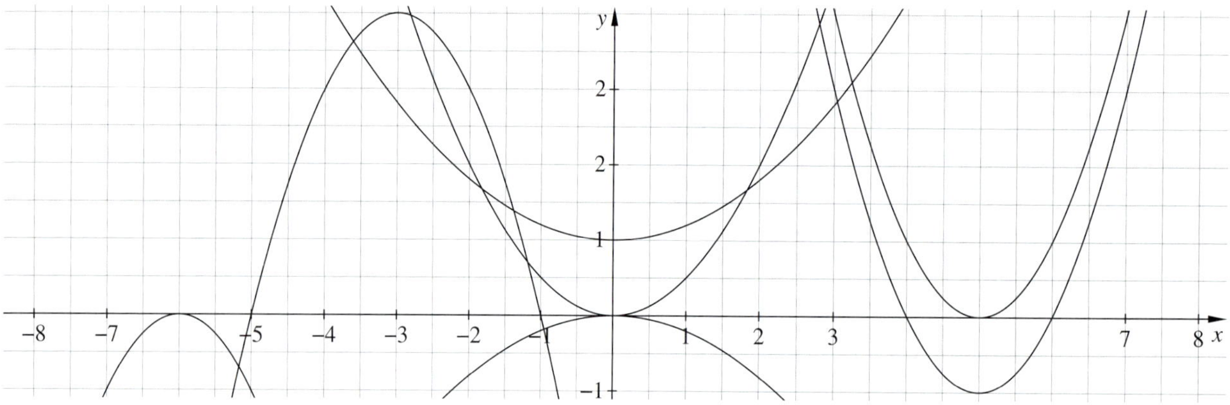

$y_1 = 0{,}5x^2$ Nullstellen: ______ Rechnung: ______

$y_2 = 0{,}2x^2 + 1$ Nullstellen: ______ Rechnung: ______

$y_3 = -0{,}2x^2$ Nullstellen: ______ Rechnung: ______

$y_4 = -(x+3)^2 + 4$ Nullstellen: ______ Rechnung: ______

$y_5 = (x-5)^2$ Nullstellen: ______ Rechnung: ______

$y_6 = -(x+6)^2$ Nullstellen: ______ Rechnung: ______

$y_7 = (x-5)^2 - 1$ Nullstellen: ______ Rechnung: ______

2 Kreuze die Anzahl der Nullstellen an.
Zusatzaufgabe: Ermittle mithilfe von Zeichnungen oder von Rechnungen die Nullstellen.

$y_1 = -0{,}81(x-23)^2$	☐ keine Nullstelle	☐ eine Nullstelle	☐ zwei Nullstellen
$y_2 = x^2 - 0{,}36$	☐ keine Nullstelle	☐ eine Nullstelle	☐ zwei Nullstellen
$y_3 = x^2 + 0{,}81$	☐ keine Nullstelle	☐ eine Nullstelle	☐ zwei Nullstellen
$y_4 = (x-7)^2 + 0{,}81$	☐ keine Nullstelle	☐ eine Nullstelle	☐ zwei Nullstellen
$y_5 = (x+2)^2 - 36$	☐ keine Nullstelle	☐ eine Nullstelle	☐ zwei Nullstellen

3 Ergänze zu vier passenden Funktionsgleichungen.
Der Scheitelpunkt soll jeweils in einem anderen Quadranten liegen.
Zusatzaufgabe: Gib die Nummer des Quadranten an, in dem der Scheitelpunkt liegt.

a) Die quadratischen Funktionen haben keine Nullstelle.

$y_1 = \square\,(x \,\square\, 3)^2 \,\square\, 4$ $\quad y_2 = \square\,(x \,\square\, 3)^2 \,\square\, 4$ $\quad y_3 = \square\,(x \,\square\, 3)^2 \,\square\, 4$ $\quad y_4 = \square\,(x \,\square\, 3)^2 \,\square\, 4$

b) Die quadratischen Funktionen haben zwei Nullstellen.

$y_1 = \square\,(x \,\square\, 3)^2 \,\square\, 4$ $\quad y_2 = \square\,(x \,\square\, 3)^2 \,\square\, 4$ $\quad y_3 = \square\,(x \,\square\, 3)^2 \,\square\, 4$ $\quad y_4 = \square\,(x \,\square\, 3)^2 \,\square\, 4$

c) Ermittle die Nullstellen der Funktionen bei Teilaufgabe **b**.

Anwenden und Vernetzen

4 Die Flugbahn einer Kugel wird durch die dargestellte Funktionsgleichung $y = -0{,}1x^2 + 0{,}6x + 1{,}6$ beschrieben.
Der Graph zeigt etwas mehr als diese Flugbahn.

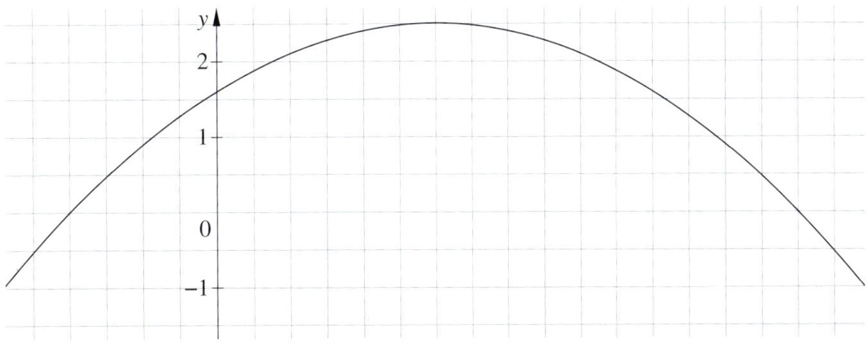

a) Aus welcher Höhe stößt Martin die Kugel ab?

b) Wie weit fliegt die Kugel? Kreuze an.
Begründe deine Entscheidung mithilfe einer Rechnung. ☐ 7 m ☐ 8 m ☐ 9 m ☐ 10 m ☐ 11 m ☐ 12 m

c) Gib die negative Nullstelle von $y = -0{,}1x^2 + 0{,}6x + 1{,}6$ an. Hat sie eine praktische Bedeutung?
Hinweis: Die negative Nullstelle ist eine ganze Zahl.

d) Berechne die maximale Höhe, die die Kugel erreicht.
Hinweis: Beide Nullstellen haben den gleichen Abstand zum Scheitelpunkt.

e) Zusatzaufgabe: Vervollständige mithilfe der Ergebnisse aus den Teilaufgaben das Koordinatensystem.

Lösen einfacher quadratischer Gleichungen

▶ Grundwissen

- Ein Produkt ist 0, wenn mindestens ein Faktor 0 ist. Hat eine quadratische Gleichung die Form $(x + a)(x + b) = 0$, so lassen sich demzufolge die beiden Lösungen direkt ablesen: $x_1 = -a$ und $x_2 = -b$.
- Oft ist auch nur zu überlegen, von welchen Zahlen das Quadrat gegeben ist.

Beispiele:

$x^2 - 7x = 0$	$x^2 + 10x + 25 = 0$	$x^2 = 0$	$x^2 = -81$
$x \cdot (x - 7) = 0$	$(x + 5)(x + 5) = 0$	$x \cdot x = 0$	$x \cdot x = -81$
Lösungen: ______	Lösungen: ______	Lösungen: ______	Lösungen: ______

▶ **Auftrag:** Ergänze die Lösungen.

Trainieren

1 Kreuze alle Lösungen der quadratischen Gleichungen an.
Zusatzaufgabe: Beschreibe, wie man die Lösungen ermitteln kann.

a) $a^2 = 0$	☐ −1	☐ −0,5	☐ 0	☐ 0,5	☐ 1
b) $b^2 = 4$	☐ −2	☐ −1	☐ 0	☐ 1	☐ 2
c) $c^2 - 9 = 0$	☐ −5	☐ −3	☐ 0	☐ 3	☐ 5
d) $d \cdot (d - 1{,}5) = 0$	☐ −3	☐ −1,5	☐ 0	☐ 1,5	☐ 3

2 Gib jeweils im Stern die Anzahl der Lösungen an.

a) $145{,}78x^2 = 4{,}78$ ☆

b) $x \cdot (x - 112{,}4) = 0$ ☆

c) $45{,}78x^2 + 45{,}79 = 15{,}47x^2$ ☆

d) $(x - 112{,}4)^2 = 0$ ☆

3 Gib die Lösungen an.

a) $x^2 = 81$
Lösungen: ______

b) $b^2 = -121$
Lösungen: ______

c) $c \cdot (c + 1{,}5) = 0$
Lösungen: ______

d) $(d - 23) \cdot d = 0$
Lösungen: ______

e) $(e + 7)(e + 4) = 0$
Lösungen: ______

f) $(f + 7)(f - 7) = 0$
Lösungen: ______

g) $(g - 8)(g - 8) = 0$
Lösungen: ______

h) $(9 - h)(6 - h) = 0$
Lösungen: ______

4 Ermittle die Lösungen.

a) $x^2 + 11 = 60$
______
______
Lösungen: ______

b) $x^2 - 95 = 26$
______
______
Lösungen: ______

c) $x^2 - 64 = 297$
______
______
Lösungen: ______

d) $2x^2 + 32 = 160$
______
______
Lösungen: ______

e) $x^2 - 3x = 0$
______
______
Lösungen: ______

f) $2x^2 + 3x = 0$
______
______
Lösungen: ______

g) $-2x^2 = x$
______
______
Lösungen: ______

h) $x^2 - 8x = -16$
______
______
Lösungen: ______

5 Gib quadratische Gleichungen an, die die vorgegebenen Lösungen haben.

a) Lösungen: $-0{,}4; 0{,}4$ **b)** Lösungen: 0 **c)** Lösungen: $1{,}5$ **d)** Lösungen: $-0{,}2; -2$

6 Markiere zueinander äquivalente Gleichungen mit der gleichen Farbe.
Löse dazu die Gleichungen oder forme geeignet um.

$(x+0{,}2)(x-0{,}8)=0$	$x^2+0{,}6x-0{,}16=0$	$(x-0{,}2)(x+0{,}8)=0$	$x^2-0{,}6x-0{,}16=0$
$0{,}5x^2=0{,}3x+0{,}08$	$4x^2=0{,}52-1{,}8x$	$x^2+0{,}6x=0{,}16$	$3x^2=0{,}48-1{,}80x$

Anwenden und Vernetzen

7 Ein Würfel hat einen Oberflächeninhalt von $69{,}36\,\text{dm}^2$.

a) Berechne die Kantenlänge a des Würfels.

b) Mina sagt: „Der Würfel hat ein Volumen von rund $0{,}4\,\text{m}^3$."
Hat sie Recht?

8 Zahlenrätsel

a) Addiert man zum Quadrat einer natürlichen Zahl 111, so erhält man 400. Welche Zahl ist es?

b) Das Quadrat einer reellen Zahl ist gleich ihrem Siebenfachen. Welche Zahl könnte es sein?

c) Das Quadrat eines Quadrates einer reellen Zahl ist 0,0256. Welche Zahl könnte es sein?

d) Der Flächeninhalt eines Fotos beträgt $300\,\text{cm}^2$. Die ganzzahligen Seitenlängen verhalten sich zueinander wie $3:4$.
Wie lang sind die Seiten?

Verfahren zum Lösen quadratischer Gleichungen

▶ Grundwissen

- Jede Lösung einer quadratischen Gleichung lässt sich mithilfe einer quadratischen Ergänzung ermitteln.

  Beispiel:

  $$x^2 + 5x + 4 = 0$$
  $$x^2 + 5x = -4$$
  $$x^2 + 5x + \left(\frac{5}{2}\right)^2 = -4 + \left(\frac{5}{2}\right)^2$$
  $$\left(x + \frac{5}{2}\right)^2 = \left(\frac{5}{2}\right)^2 - 4$$
  $$x_1 = -\frac{5}{2} + \sqrt{\left(\frac{5}{2}\right)^2 - 4} \quad \text{und} \quad x_2 = -\frac{5}{2} - \sqrt{\left(\frac{5}{2}\right)^2 - 4}$$
  $$x_1 = -1 \quad \text{und} \quad x_2 = -4$$

- Allgemein gilt für eine quadratische Gleichung in der Normalform $x^2 + px + q = 0$.

  $x_1 = -\frac{p}{2} + \sqrt{\left(\frac{p}{2}\right)^2 - q}$ und $x_2 = -\frac{p}{2} - \sqrt{\left(\frac{p}{2}\right)^2 - q}$

▶ Auftrag: Kommentiere für eine Mitschülerin oder einen Mitschüler die Vorgehensweise im Beispiel.

Trainieren

1 Wandle zuerst die Gleichungen in die Normalform $x^2 + px + q = 0$ um.
Gib danach p und q an.

a) $2x^2 - 8x + 6 = 0$

$p =$ ____ $q =$ ____

b) $2{,}8x = 0{,}4 + 4x^2$

$p =$ ____ $q =$ ____

2 Löse folgende Gleichungen.

a) $x^2 + 8x - 9 = 0$

b) $x^2 - 26x - 192 = 0$

c) $x^2 + 30x + 12 = 187$

d) $x^2 - 14x - 36 = 140$

3 Löse folgende Gleichungen.

a) $1{,}4 - 5{,}4x = -1{,}4 - 2x^2$

b) $3{,}5x^2 - 0{,}25x = 4x^2 - 18$

4 Gib jeweils eine quadratische Gleichung an mit …

a) genau zwei Lösungen

b) genau einer Lösung

c) keiner Lösung

Anwenden und Vernetzen

5 Eine Supermarktkette hat ein rechteckiges Grundstück gekauft, um darauf den abgebildeten Supermarkt mit rechteckiger Grundfläche zu bauen und die benötigten Parkflächen anzulegen. Das Grundstück ist 80 m lang und 60 m breit.
Die Breite der Parkstreifen vor und neben der Halle ist gleich. Außerdem soll die Fläche des Parkplatzes insgesamt genauso groß sein wie die Grundfläche des Gebäudes samt Grünfläche. Berechne die Breite eines Parkstreifens.

$(80 - x) \cdot (60 - x)$

6 Von mehreren 4 cm dicken quadratischen Eichenplatten wurde jeweils ein 20 cm breiter Streifen abgesägt.
Die neuen Platten haben einen Flächeninhalt von $0{,}24\ \text{m}^2$. Davon werden Pakete mit jeweils 5 Platten geschnürt.

a) Wie lang war die ursprüngliche Platte?

b) Wie viele Pakete mit jeweils 5 Platten kannst du vermutlich mindestens 100 m tragen?
Hinweis: Eiche hat eine Dichte von $0{,}5\,\frac{\text{g}}{\text{cm}^3}$ bis $1{,}3\,\frac{\text{g}}{\text{cm}^3}$.

Manipulationen

▶ Grundwissen

Befragungen und ihre Ergebnisse können manipuliert (beeinflusst) werden.

Beispiele: ______________________________

____

____

▶ Auftrag: Nenne drei Ansätze zur Manipulation von Befragungen und Darstellungen.

Trainieren

1

① Umfrage zu gemeinsamer Schulkleidung an unserer Schule

Frage 1: Kreuze alle Vorteile an, die mit gemeinsamer Schulkleidung verbunden sind.

☐ kein Ausgrenzen aufgrund der Kleidung
☐ mehr Gleichbehandlung
☐ weniger Druck, neue Sachen zu kaufen
☐ mehr Zusammengehörigkeitsgefühl

Frage 2: Bist auch du für gemeinsame Schulkleidung nur für den Unterricht?

☐ ja ☐ nein

② Umfrage zu gemeinsamer Schulkleidung an unserer Schule

Frage 1: Welche Schulkleidung wünschst du dir? Wähle ein Shirt und eine Hose.

☐ blaues Shirt ☐ weißes Shirt
☐ beiges Shirt ☐ schwarzes Shirt
☐ blaue Hose ☐ beige Hose
☐ schwarze Hose

Frage 2: Sollte jeder stets die Wahl haben zwischen zwei Oberteilen, z. B. blaues oder weißes Shirt, und zwei Unterteilen, z. B. Hose oder Rock?

☐ ja ☐ nein ☐ weiß nicht

③ Umfrage zur Einführung von Schuluniformen an unserer Schule

Frage 1: Kreuze alle Nachteile an, die mit gemeinsamer Schulkleidung verbunden sind.

☐ Man muss auch hässliche Kleidung anziehen.
☐ Man wird schnell verwechselt.
☐ Man kann neue Sachen nicht mehr zeigen.
☐ Jeder sieht, auf welche Schule man geht.

Frage 2: Möchtest du, dass Schuluniformen an unserer Schule eingeführt werden?

☐ ja ☐ nein
☐ hängt vom Aussehen ab

a) Stell dir vor, du kennst jeweils nur den einen Fragebogen. Kreuze auf jedem Fragebogen an.

b) Nach welcher Umfrage werden am ehesten Schuluniformen an der Schule eingeführt?

____

c) Welchen Einfluss hat das Foto auf das Umfrageergebnis?

____

d) Jede der Umfragen enthält Manipulationen. Nenne jeweils zwei Beispiele.

2 Auswertungen der Ergebnisse einer Umfrage zu gemeinsamer Schulkleidung

①

	Mädchen	Jungen
ja	188	203
nein	173	152
weiß nicht	142	142

②

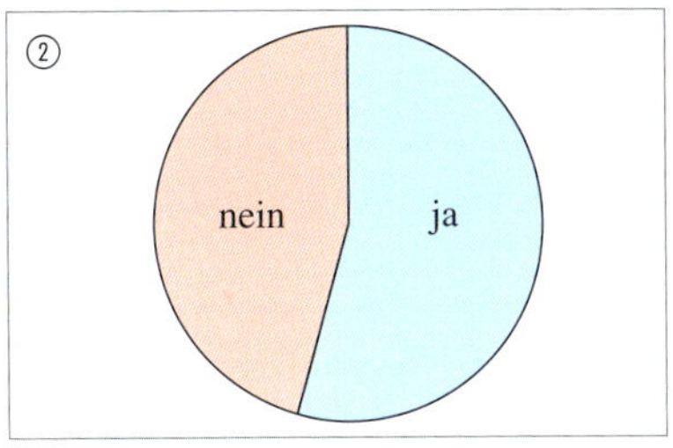

③

④

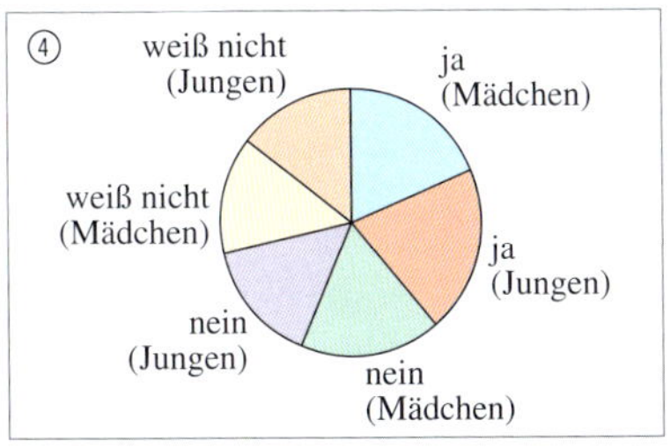

⑤

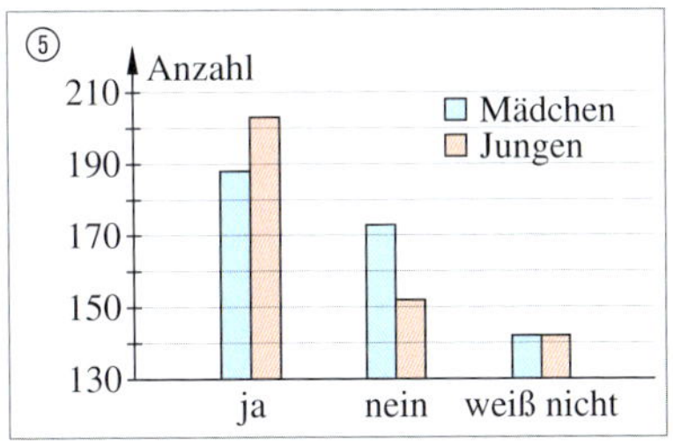

⑥

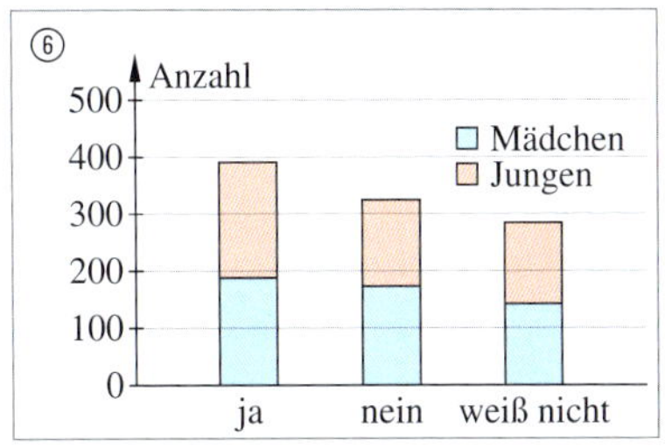

a) Welche drei Darstellungen sind aus deiner Sicht am stärksten manipulierend? Kreuze an. ☐ ① ☐ ② ☐ ③ ☐ ④ ☐ ⑤ ☐ ⑥

b) Wofür könnte jemand Darstellung ② bzw. ④ nutzen?

___

___

Anwenden und Vernetzen

3

a) Bewerte folgende Aussagen zu den Abbildungen zum Kaufpreis von Einfamilienhäusern und zum Energieverbrauch. Entscheide, ob sie zu den Inhalten des Diagramms auf den ersten Blick passen (p) oder nicht passen (np).

Aussage ①: „Die Preise von Einfamilienhäusern haben sich mehr als verdoppelt.“ ☐ p ☐ np

Aussage ②: „Die Preise von Einfamilienhäusern werden immer weiter steigen.“ ☐ p ☐ np

Aussage ③: „Die Preise von Einfamilienhäusern sind gestiegen.“ ☐ p ☐ np

Aussage ④: „Die Preise von Einfamilienhäusern sind höher, als die Häuser wert sind.“ ☐ p ☐ np

Aussage ⑤: „Das teuerste Haus hat die Energieeffizienzklasse A.“ ☐ p ☐ np

Aussage ⑥: „Bei Energieeffizienzklasse F ist der Energieverbrauch etwa doppelt so hoch wie bei A.“ ☐ p ☐ np

Aussage ⑦: „Die beste Energieeffizienzklasse ist A.“ ☐ p ☐ np

b) Können Aussagen aus Teilaufgabe **a** durch die Darstellungen belegt werden?

___

c) Zusatzaufgabe: Suche drei Beispiele für Manipulationen im Alltag.

Zweistufige Zufallsexperimente

▶ Grundwissen

- Pfadregel: Bei zweistufigen Zufallsexperimenten erhält man die Wahrscheinlichkeit eines Ergebnisses, indem man die Wahrscheinlichkeiten entlang des zugehörigen Pfades multipliziert.

- Summenregel: Bei zweistufigen Zufallsexperimenten ist die Wahrscheinlichkeit eines Ereignisses gleich der Summe der Wahrscheinlichkeiten aller Pfade, die zum Ereignis gehören.

Beispiel:
Martin (M), Alexander (A) und Kolja (K) überlegen:
Wie wahrscheinlich ist es, dass nach der Auslosung Martin als Erster und Alexander als Zweiter startet?
Wie wahrscheinlich ist es, dass nach der Auslosung Martin als Zweiter startet?

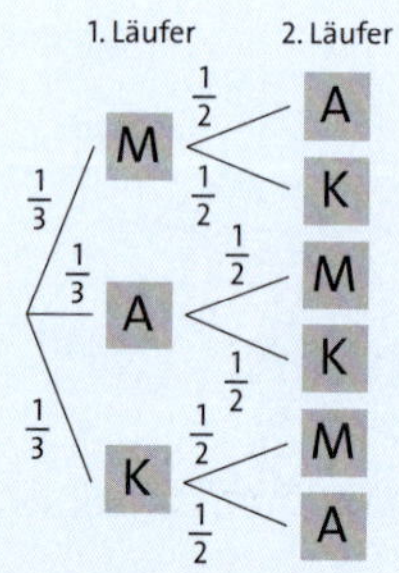

P(„Martin als Erster und Alexander als Zweiter“) = ____________

P(„Martin als Zweiter“) = ____________

▶ **Auftrag:** Berechne die gesuchten Wahrscheinlichkeiten.

Trainieren

1 Das Glücksrad wird zweimal gedreht.

a) Ergänze das zugehörige Baumdiagramm, die Ergebnisse und die Wahrscheinlichkeiten.

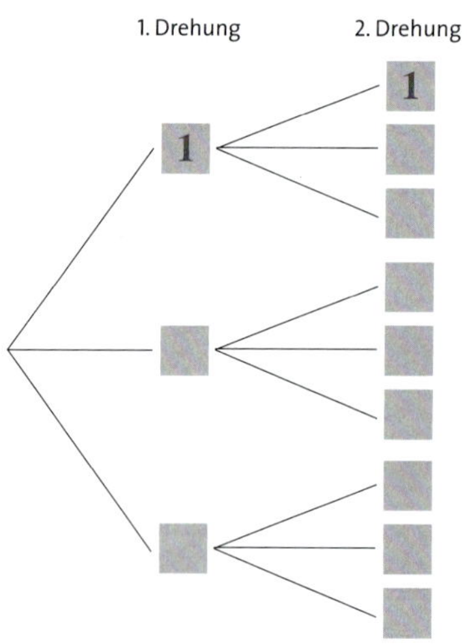

Wahrscheinlichkeiten der Ergebnisse

$P(\{(1|1)\}) = \frac{1}{16}$
____
____
____
____
____
____
____
____

b) Vervollständige folgende Tabelle.

erzielte Summe nach zweimal Drehen					
Wahrscheinlichkeit					

c) Mit welcher Wahrscheinlichkeit ist die erzielte Summe größer als 4?

____

d) Gib ein Beispiel für ein Ereignis an, das mit der Wahrscheinlichkeit 0 eintritt.

____

2 Eine 50-Cent-Münze und ein Spielwürfel mit den Augenzahlen 1 bis 6 fallen gleichzeitig zu Boden.

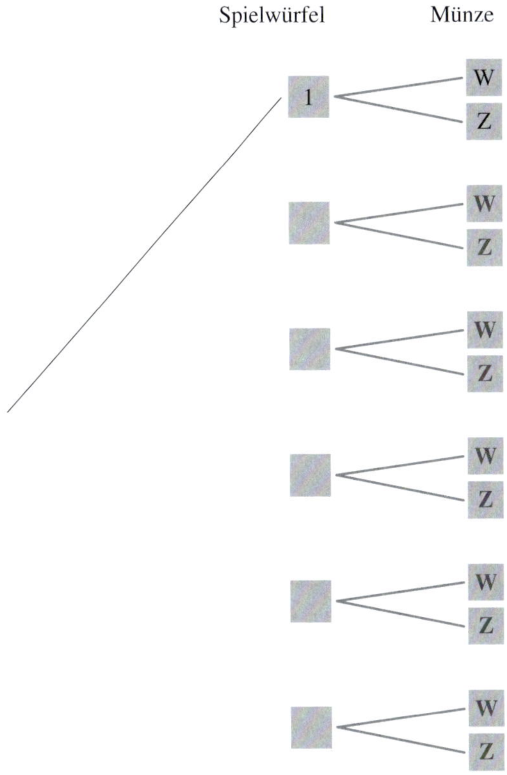

a) Vervollständige das Baumdiagramm so, dass alle möglichen Ergebnisse leicht ablesbar sind.

b) Gib die entsprechenden Wahrscheinlichkeiten an.

A: „Wappen und eine Augenzahl, die größer als 4 ist"

___

B: „50 Cent und eine Augenzahl, die kleiner bzw. gleich 3 ist"

___

c) Zusatzaufgabe: Gib ein Experiment (ohne Spielwürfel und Münze) an, das auch durch den Baum von Teilaufgabe **a** beschrieben wird.
Hinweis: Kontrolliert die Beschreibungen gegenseitig.

___

___

___

Anwenden und Vernetzen

3 Micha Steiger übte im Training Elfmeterschießen. Er schoss jeweils dreimal hintereinander.
Der Trainer hat festgestellt, dass die Konzentration des Spielers nachlässt. Er notierte alle Ergebnisse und erstellte die abgebildete Erfolgsstatistik.

Schuss	1	2	3
Wahrscheinlichkeit für einen Treffer	90 %	75 %	70 %

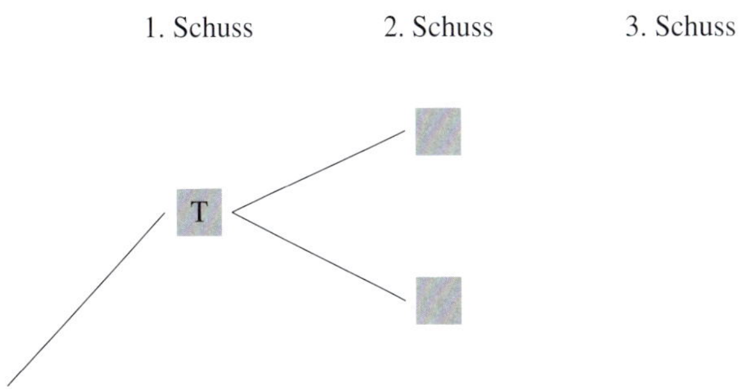

a) Erstelle ein vollständig beschriftetes Baumdiagramm.
Trage darin die Wahrscheinlichkeiten ein.
Hinweis: „T" steht für „Treffer" und „N" für „kein Tor".

b) Mit welcher Wahrscheinlichkeit trifft Steiger dreimal hintereinander?

___

___

___

c) Schreibe das Ereignis E_1: „Er schießt höchstens ein Tor" als Menge und berechne $P(E_1)$.

___

___

d) Der Ball eines Profifußballers fliegt mit ca. 100 $\frac{\text{km}}{\text{h}}$. Überschlage, wie lange er für 11 m benötigt.

___

Kapitel **Potenzen und Wurzeln**

1 Schreibe als Dezimalzahl.

a) $6 \cdot 10^4 =$ ______ **b)** $1{,}257 \cdot 10^5 =$ ______ **c)** $2 \cdot 10^{-4} =$ ______ **d)** $1{,}36 \cdot 10^{-3} =$ ______

2 Gib die Ergebnisse an.
Hinweis: Arbeite ohne Taschenrechner.

a) $\sqrt[5]{100000} =$ ______ **b)** $\sqrt[4]{81} =$ ______ **c)** $\sqrt[3]{1000} =$ ______ **d)** $\sqrt[2]{121} =$ ______

e) $\sqrt[3]{125} =$ ______ **f)** $\sqrt[7]{128} =$ ______ **g)** $\sqrt[3]{64} =$ ______ **h)** $\sqrt[9]{1} =$ ______

3 Ermittle jeweils, zwischen welchen natürlichen Zahlen das Ergebnis liegt.
Hinweis: Arbeite ohne Taschenrechner.

a) ____ $< \sqrt[2]{60} <$ ____ , denn $7^2 = 49$ und $8^2 = 64$ **b)** ____ $< \sqrt[2]{0{,}6} <$ ____ , denn ______________

c) ____ $< \sqrt[4]{30} <$ ____ , denn ______________ **d)** ____ $< \sqrt[3]{90} <$ ____ , denn ______________

4 Gib jeweils das Ergebnis an. Überprüfe es durch Potenzieren.
Hinweis: Arbeite ohne Taschenrechner.

a) $\sqrt[3]{0{,}000001} =$ ______ , denn ______________ **b)** $\sqrt[4]{0{,}0081} =$ ______ , denn ______________

c) $\sqrt[2]{1{,}21} =$ ______ , denn ______________ **d)** $\sqrt[5]{0{,}00032} =$ ______ , denn ______________

5 Gib die Größenangaben in Zehnerpotenzschreibweise in den gegebenen Einheiten an.

a) Masse der Erde

6 000 000 000 000 000 000 000 000 t = ______ t = ______ dt = ______ kg

b) Dicke eines Haares von Tim

0,06 mm = ______ mm = ______ cm = ______ m = ______ km

6 Gib die Differenz von einer Million zu einer Milliarde in Zehnerpotzenzschreibweise an. ______________

7 Rote Würfel werden nach den Kantenlängen in Holzkisten einsortiert.
Die würfelförmigen Holzleisten haben ganzzahlige Kantenlängen (1 cm, 2 cm, 3 cm, 4 cm, 5 cm, …).

a) Welche Kisten kommen für einen $75\,\text{cm}^3$ großen Würfel infrage?

____

____

____

b) Formuliere eine Regel für das Sortieren so, dass jeweils nur eine Kiste infrage kommt.

____

____

Kapitel Lineare Gleichungssysteme rechnerisch lösen

1 Ermittle die Lösungen.

a) I $15x = 81 - 17y$
II $15x = -3 + 11y$

b) I $2x - 3y = 1$
II $-2x + 3y = -1$

c) I $2y = 8 - x$
II $8y = x$

2 Die Summe zweier Zahlen ist 99. Ihre Differenz ist 63.

a) Kreuze die passenden Gleichungssysteme an.

☐ I $x + y = 99$
II $x - y = 63$

☐ I $36 = x + y$
II $x = 99 - y$

☐ I $99 - x = x + y$
II $y - x = 36$

☐ I $99 = x + y$
II $x = 63 + y$

b) Ermittle beide Zahlen.

3 Lösungen von Gleichungen mit zwei Variablen

a) Ermittle die Lösung rechnerisch und grafisch.

I $8y + 4x = 680$
II $y = x - 5$

b) Kreuze die wahre Aussage an und begründe.
☐ (40 | 65) ist eine Lösung des Gleichungssystems.
☐ (40 | 35) ist eine Lösung einer der Gleichungen.

Kapitel Pyramide, Kegel, Kugel

1 Vervollständige die Schrägbilder.

a) 3 cm hohe, gerade quadratische Pyramide mit 4 cm langer Grundfläche

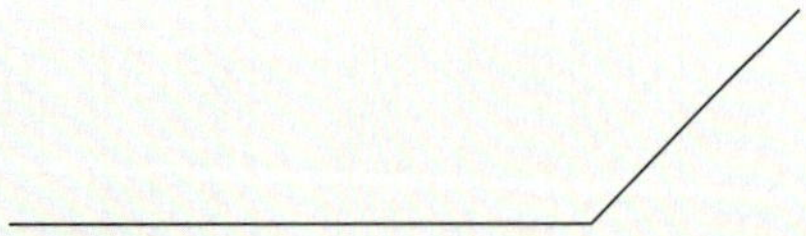

b) 3 cm hoher gerader Kegel mit 2 cm Radius

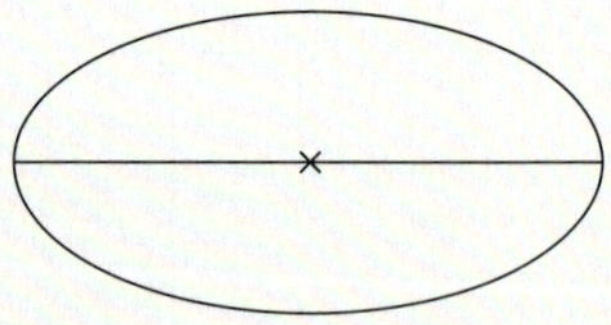

2 Entscheide, ob die Angaben sinnvoll sind. Wenn ja, ergänze die Größenangaben in der Tabelle.
Hinweis: Rechne gegebenenfalls auf einem zusätzlichen Blatt.

	Flächeninhalt der Grundfläche	Oberflächeninhalt	Volumen
6 cm hoher Kegel mit einem Grundflächenradius von 4 cm			
6 cm hohe Pyramide mit quadratischer Grundfläche mit 5 cm langen Seiten			
Kugel mit 6 cm Durchmesser			

3

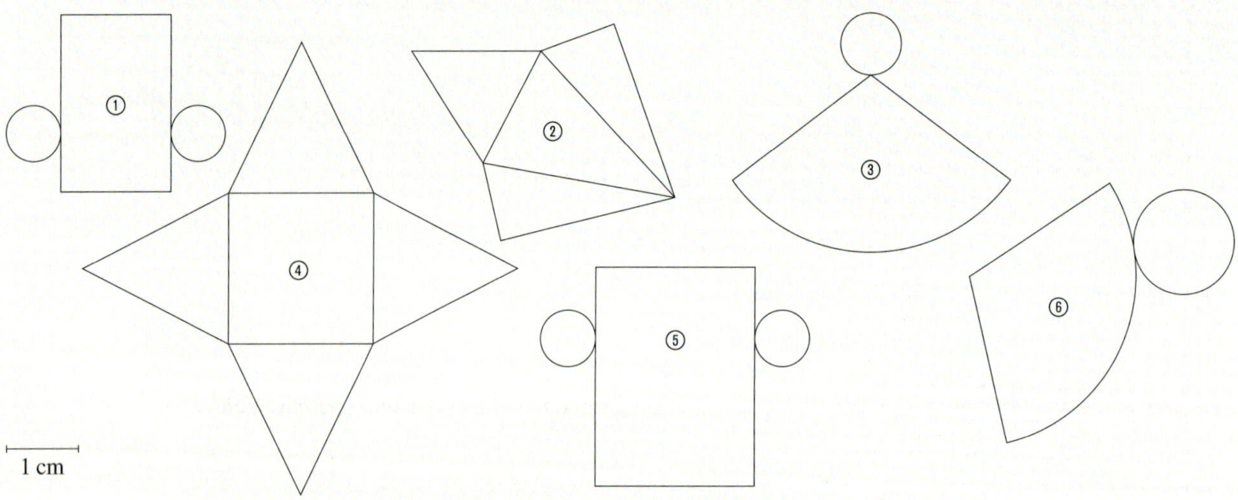

Streiche alle Zeichnungen durch, die keine Netze von Körpern darstellen.
Berechne die Größe der Oberfläche des passenden Kegels und der passenden Pyramide.

4 In einigen Geschäften wurden für Kunden Wasserspender aufgestellt. Um zu verhindern, dass volle Becher in den Regalen abgestellt werden, verwendet man kegelförmige Gefäße aus Papier. Ein Becher mit einem Durchmesser von 8 cm fasst maximal ca. 0,15 l Wasser. Berechne seine Höhe.

Kapitel **Quadratische Funktionen**

1 Beschrifte die vorgegebenen Graphen und gib die Nullstellen an.

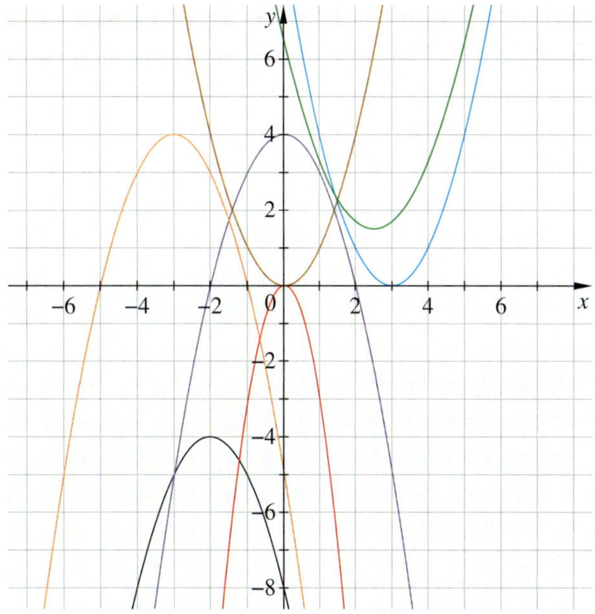

$y_1 = -3x^2$ Nullstellen: ______________

$y_2 = x^2$ Nullstellen: ______________

$y_3 = -x^2 + 4$ Nullstellen: ______________

$y_4 = -(x+3)^2 + 4$ Nullstellen: ______________

$y_5 = (x-3)^2$ Nullstellen: ______________

$y_6 = -(x+2)^2 - 4$ Nullstellen: ______________

$y_7 = 0{,}8(x-2{,}5)^2 + 1{,}5$ Nullstellen: ______________

2 Ergänze die Tabelle.

Funktionsgleichung in allgemeiner Form			$y = 0{,}5x^2 + 6x$
Funktionsgleichung in Scheitelpunktform		$y = (x+9)^2$	
Scheitelpunkt S	$S(0\|-16)$		
Öffnungsrichtung			
Anzahl der Nullstellen	0		
gestaucht oder gestreckt	keine		

3 Der Weg eines Wassertropfens durch die Luft lässt sich annähernd mit einer Gleichung beschreiben.

a) Kreuze die passende Gleichung an.
Hinweis: Welche Art von Funktion kommt infrage? Wie ist die Öffnung?

☐ $y = 1{,}8(x-0{,}8)^2 + 1$ ☐ $y = -1{,}8x - 1{,}0$ ☐ $y = -1{,}8(x-1{,}25)^2 + 1$

b) Skizziere mithilfe einer Wertetabelle den Graphen zur passenden Gleichung aus Teilaufgabe **a**.

x	0	0,5	1	1,5	2	2,5
y						

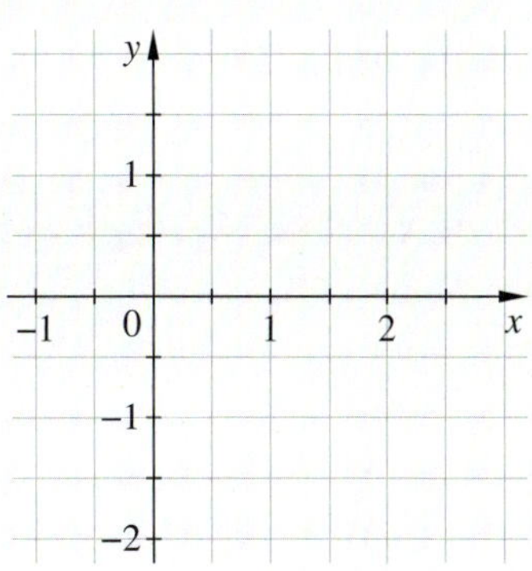

c) Ein Wassertropfen geht bei 1,5 m Höhe in die Luft. In welchem Abstand zu diesem Startpunkt erreicht er die gleiche Höhe?

____

____

Kapitel Quadratische Gleichungen

1 Kreuze jeweils alle Lösungen der quadratischen Gleichung an.

a) $a^2 = 9$	☐ -3	☐ -1	☐ 0	☐ 1	☐ 3
b) $b^2 = -9$	☐ -3	☐ -1	☐ 0	☐ 1	☐ 3
c) $c^2 - 4 = 0$	☐ -2	☐ -1	☐ 0	☐ 1	☐ 2
d) $d \cdot (d + 1) = 0$	☐ -2	☐ -1	☐ 0	☐ 1	☐ 2
e) $(-2 + e) \cdot (e - 2) = 0$	☐ -4	☐ -2	☐ 0	☐ 2	☐ 4
f) $-f^2 = 16 - 8f$	☐ -4	☐ -2	☐ 0	☐ 2	☐ 4

2 Gib die Lösungen an.

a) $x^2 = 100$ **b)** $x^2 + 19 = 100$ **c)** $x \cdot (x - 1{,}75) = 0$ **d)** $(x - 8{,}7) \cdot (x + 1{,}7) = 0$

Lösungen: ______ Lösungen: ______ Lösungen: ______ Lösungen: ______

3 Wandle zuerst die Gleichungen in die Normalform $x^2 + px + q = 0$ um.
Gib danach p und q an.

a) $2x^2 + 72 - 0{,}8x = 10$

____

____

$p =$ ____ $q =$ ____

b) $3{,}6x = 2{,}4 + 4x^2$

____

____

$p =$ ____ $q =$ ____

4 Ermittle die Lösungen.

a) $0 = 2x^2 - 10x - 28 \quad |:2$

b) $10x = x^2 + 9 \quad |-10x$

Lösungen: ______ Lösungen: ______

5 In einem gleichschenkligen Trapez $ABCD$ mit einem Flächeninhalt von $20\,\text{cm}^2$ ist die eine parallele Seite viermal so lang wie die andere und die Höhe ist doppelt so lang wie die kürzere Parallele.

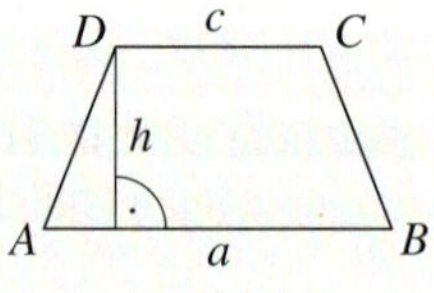

a) Berechne die Längen der zueinander parallelen Seiten a und c sowie die der Höhe h.
Hinweis: $A = \frac{a+c}{2} \cdot h$

b) Zeichne das gleichschenklige Trapez $ABCD$.

Kapitel **Daten und Zufall**

1 Ein Sachverhalt wurde unterschiedlich dargestellt.
Gib jeweils einen eingesetzten Ansatz zur Manipulation und dessen Wirkung an.

① Bis zu 950 € im 1., 1 050 € im 2. und 1 200 € im 3. Jahr erhält bei uns ein Lehrling.

②
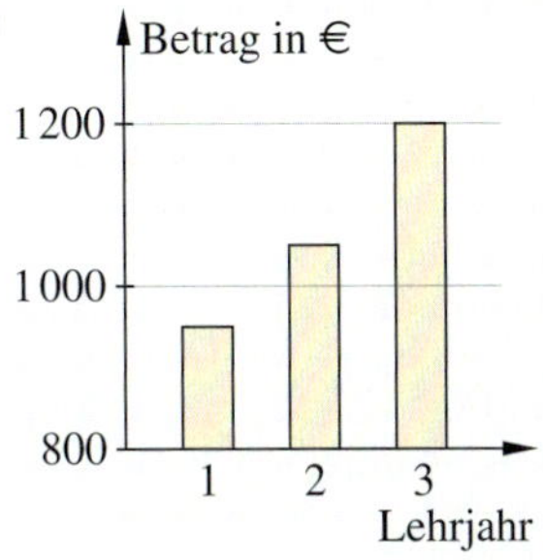

③
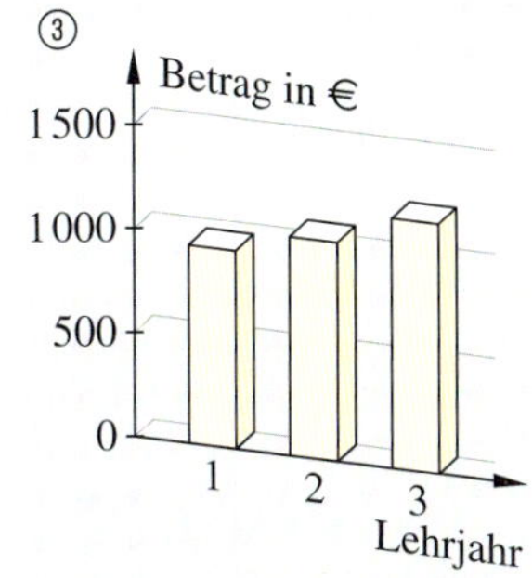

2 Clas versucht zwei Frösche in eine große Tasse springen zu lassen.
Die Frösche landen erfahrungsgemäß mit einer Wahrscheinlichkeit von 40 % in der Tasse.

Hinweis: Schreibe „T" für „Frosch landet in der Tasse".
Schreibe „N" für „Frosch landet nicht in der Tasse".

a) Beschrifte das Baumdiagramm.

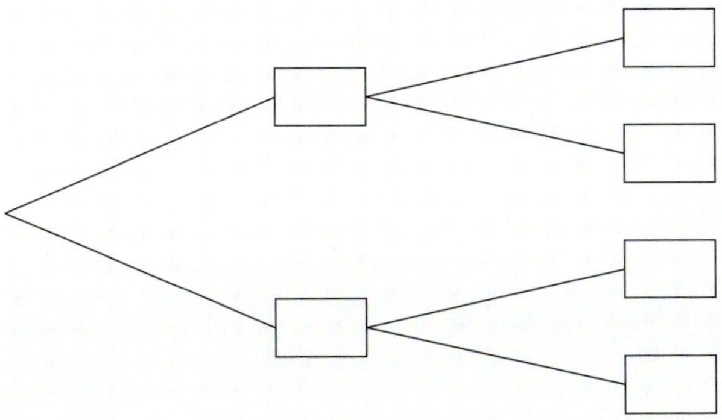

b) Mit welcher Wahrscheinlichkeit landen die beiden Frösche in der Tasse?

c) Mit welcher Wahrscheinlichkeit landet nur der zweite Frosch in der Tasse?

d) Mit welcher Wahrscheinlichkeit landet mindestens ein Frosch in der Tasse?

e) Mit welcher Wahrscheinlichkeit landet keiner der Frösche in der Tasse?

Jahrgangsstufentest

1 Parabeln

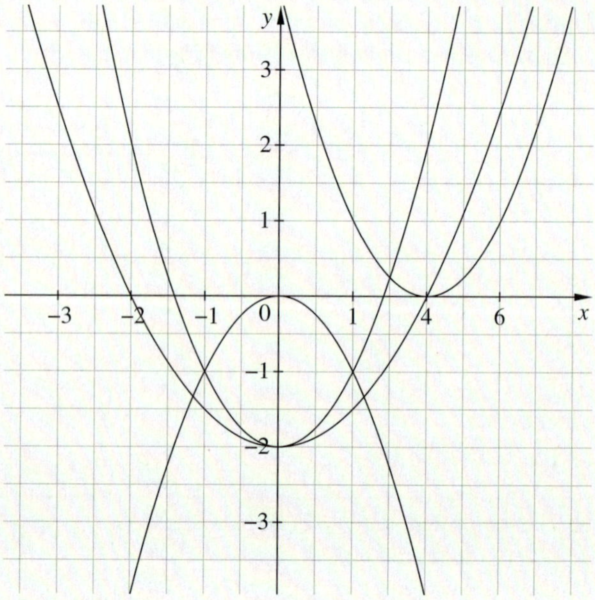

a) Beschrifte zuerst die Graphen.
Gib danach die Koordinaten der Scheitelpunkte S an.

$y_1 = x^2 - 2$ $S_1(\_\_ \mid \_\_)$ $y_2 = -x^2$ $S_2(\_\_ \mid \_\_)$

$y_3 = \frac{1}{2}x^2 - 2$ $S_3(\_\_ \mid \_\_)$ $y_4 = (x-2)^2$ $S_4(\_\_ \mid \_\_)$

b) Die Normalparabel wurde verschoben, so dass der neue Scheitelpunkt $S(2 \mid 1)$ ist.
Es wurde nicht gestreckt, nicht gestaucht und auch nicht gespiegelt.
Gib die Gleichung der verschobenen Normalparabel in Scheitelpunktform und in allgemeiner Form an.

Scheitelpunktform: ______________________

allgemeiner Form: ______________________

2 Frau Mosch zahlt im Freibad 14,75 € Eintritt für sich und ihre beiden Kinder.
Herr Krüger zahlt für zwei Erwachsene und drei Kinder 25,30 €.
Wie viel kostet der Eintritt für ein Kind, wenn es keine Vergünstigungen gibt?

3 Zwei Körper wurden an den Grundflächen zusammengeklebt.
Die Pyramide hat eine quadratische Grundfläche mit 10 cm langen Seiten und ist 9 cm hoch.
Der Kegel hat einen Durchmesser von 12 cm und ist 10 cm hoch.

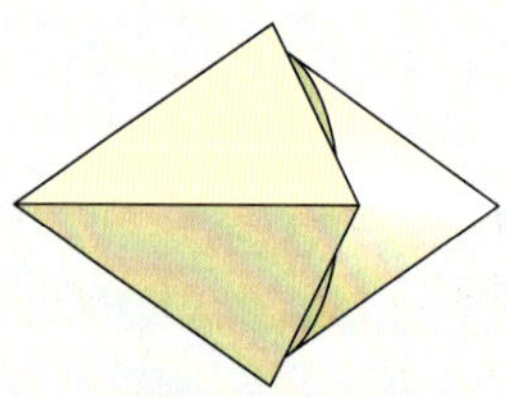

a) Berechne das Volumen des zusammengesetzten Körpers.

b) Vergleiche die Größen der Mantelflächen von der Pyramide und dem Kegel.

Aus der Packung werden Eier genommen. Die Auswahl ist zufällig. Genau drei der Eier sind angeschlagen. Gib die Wahrscheinlichkeiten folgender Ereignisse in Prozent an.

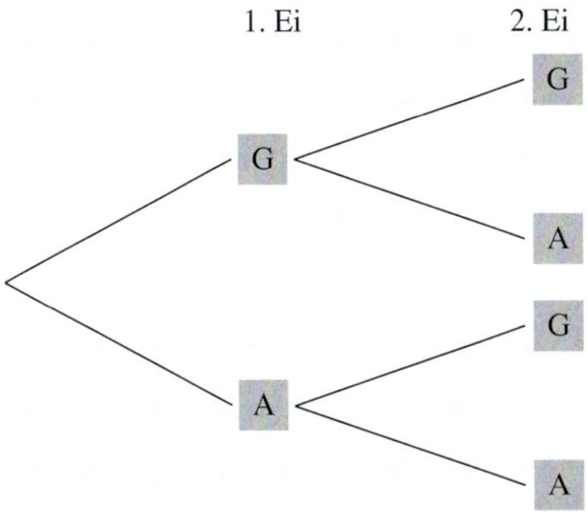

a) Das zuerst genommene Ei ist angeschlagen. ______________________

b) Das zuerst genommene Ei ist ganz. ______________________

c) Das erste und das zweite Ei sind angeschlagen. ______________________

d) Das erste oder das zweite Ei sind angeschlagen. ______________________

5 Ermittle die Werte ohne Taschenrechner.

a) $\sqrt{1{,}44} =$ ______ b) $\sqrt{2} \cdot \sqrt{32} =$ ______ c) $4\sqrt{7} + 2\sqrt{7} =$ ______ d) $\sqrt{75} : \sqrt{3} =$ ______

6 Gib die Lösungen an.

a) $a^2 - 1 = 99$ b) $b \cdot (1{,}5 - b) = 0$ c) $x^2 = -0{,}09$ d) $x^2 - 2x = -1$

Lösungen: ______ Lösungen: ______ Lösungen: ______ Lösungen: ______

7 Trage die Buchstaben der gesuchten Wörter in die Kästchen ein.
Wenn alles richtig ist, ergibt sich ein Lösungswort.

1. π ist eine … Zahl.
2. Jede Potenz hat eine …
3. Bei zweistufigen Zufallsexperimenten kann die Wahrscheinlichkeit eines Ergebnisses mithilfe der … ermittelt werden.
4. Drei Sonderfälle der Multiplikation von Summen heißen … Formeln.
5. Die Grundfläche eines … ist ein Kreis.
6. Verschobene Normalparabeln können schnell mit einer … gezeichnet werden.
7. Sehr große und sehr kleine Zahlen können mithilfe von … übersichtlich dargestellt werden.
8. Der Durchmesser eines Kreises ist … so groß wie sein Radius.

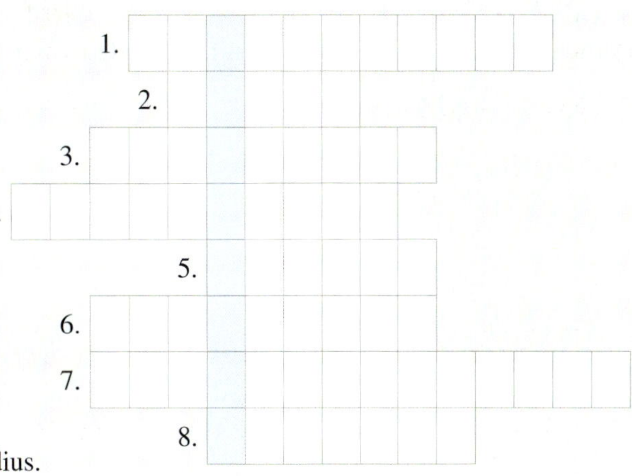

1 Versuche planen und durchführen

- Um etwas herauszufinden oder besser verstehen zu können, helfen dir Versuche oder Experimente.
- Damit deine Versuche brauchbare Ergebnisse liefern, musst du sie gut vorbereiten. Dabei helfen dir diese Fragen:
  - Warum machst du den Versuch?
  - Was möchtest du dadurch erfahren oder wissen?
  - Welches Ergebnis oder welche Ergebnisse wirst du vermutlich erhalten?
  - Was benötigst du, um den Versuch durchzuführen?
  - Wie gehst du bei deinem Versuch vor?
- Während deines Versuchs musst du sorgfältig beobachten, was geschieht und was sich verändert.
- Am Ende des Versuchs helfen dir diese Fragen bei deiner Auswertung:
  - Was hast du alles beobachtet?
  - Haben sich deine Vermutungen bestätigt oder hast du ganz andere Ergebnisse erhalten?
  - Gibt es für deine Ergebnisse Erklärungen und welche sind es?
  - Wie schätzt du die Bedeutung deines Ergebnisses oder deiner Ergebnisse ein?

Beispiel:
- Du möchtest anhand einer gefundenen Entenfeder feststellen, warum das Wasser nicht in das Innere des Federkleides einer Ente dringt.
- Die Feder fühlt sich eingefettet an, dies könnte der Grund sein.
- Du brauchst Wasser und Spülmittel für deinen Versuch.
- Du lässt Wasser an der Feder herunterlaufen.
- Du tauchst die Feder in Wasser mit Spülmittel.
- Das Spülmittel zerstört die Fettschicht.
- Das Wasser dringt dieses Mal in die Feder ein.
- Deine Vermutung hat sich bestätigt.

2 Versuche protokollieren

- Damit du die Ergebnisse deiner Versuche nicht vergisst und damit du noch genau weißt, was wann und warum geschehen ist, ist es hilfreich, ein Versuchsprotokoll zu schreiben.
- Mithilfe des Protokolls kannst du besser über deine Beobachtungen nachdenken. Es hilft dir auch, mit anderen über deine Ergebnisse zu sprechen.
- Diese Punkte sollte dein Protokoll enthalten:
  - So heißt dein Versuch (Darum geht es.).
  - Das vermute ich (Das wird vermutlich passieren.).
  - Das brauche ich für meinen Versuch.
  - Diese Zeichnung stellt den Versuch dar.
  - So führe ich den Versuch durch.
  - Das beobachte ich (Das ist passiert.).
  - Deshalb ist es passiert (So erkläre ich mir das.).
  - Das habe ich zusätzlich festgestellt.

Protokoll

- Versuch „Schallwellen sichtbar machen“
- Schallwellen können leichte Dinge in Bewegung versetzen.
- Dazu brauche ich:
  eine Plastikschüssel mit Folie und Klebestreifen, eine Trommel mit einem Schlägel sowie ungekochte Reiskörner.
- Die Folie klebe ich auf die Schüssel und lege die Reiskörner auf die Folie.
- Die Trommel halte ich dicht an die Schüssel und schlage mit dem Schlägel darauf.
- ...

3 Wasser

Wasser kann seinen Zustand verändern

- Wenn Wasser in einem Topf oder in einem Kessel zum Sieden gebracht wird, dann geht es in einen gasförmigen Zustand über. Es verdampft.
- Wasser kann auch langsam in einen gasförmigen Zustand übergehen. Es verdunstet. Das kannst du an kleiner werdenden Pfützen beobachten oder an trocknender Wäsche.
- Das verdunstete Wasser ist meist nicht sichtbar. In einem warmen Zimmer schweben vier bis fünf Liter verdunstetes Wasser in der Luft. Mit einem einfachen Versuch kannst du es sichtbar machen.

Versuch

Du brauchst:
- einen Kühlschrank
- eine Flasche Mineralwasser
- einen Tisch

- Lass die Flasche mehrere Stunden im Kühlschrank.
- Nimm die gekühlte Flasche aus dem Kühlschrank. Stelle sie auf den Tisch.
- Warte ab, was geschieht.

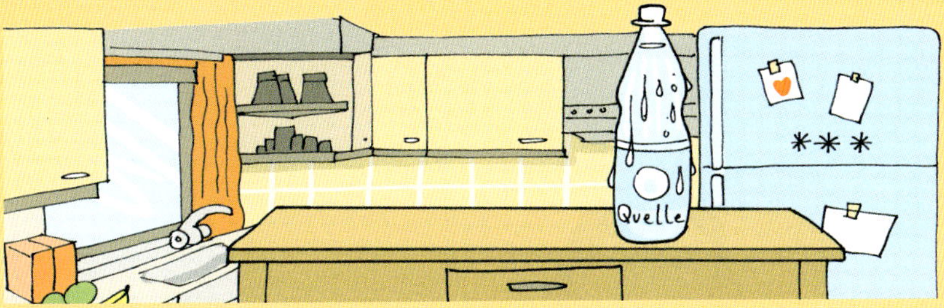

- Durch die niedrige Temperatur der Flasche setzen sich an der Außenseite kleine Wassertropfen ab. Man sagt, das Wasser kondensiert.

4 Luft (1)

Ist Luft nichts?

Versuch 1

Du brauchst:
- eine große Schüssel, halb voll mit Wasser
- ein leeres Glas
- einen Teelichtbehälter (ohne Kerze)
- zwei Gummibärchen

▸ Lege die Gummibärchen in den Teelichtbehälter.

▸ Lass den Teelichtbehälter auf dem Wasser schwimmen.

▸ Gelingt es dir, die Gummibärchen auf den Grund der Schüssel zu bringen, ohne dass sie nass werden? Probiere es aus.

Versuch 2

Du brauchst:
- ein großes Pappschild

▸ Halte das Pappschild vor deinen Körper.

▸ Laufe so schnell du kannst.

▸ Laufe dieselbe Strecke ohne das Pappschild.

▸ Spürst du den Unterschied? Woran liegt das?

5 Luft (2)

Luft bewegt

Versuch

Du brauchst:
- eine Wäscheleine
- eine Wäscheklammer
- einen Luftballon
- einen Trinkhalm
- Klebeband

▸ Blase den Luftballon auf und verschließe ihn mit der Wäscheklammer.

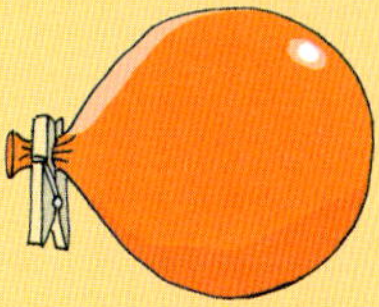

▸ Klebe den Trinkhalm mit Klebeband an den Ballon.

▸ Ziehe die Wäscheleine durch den Halm.Befestige beide Enden der Wäscheleine,indem du sie zum Beispiel zwischen zwei Stühlen festbindest. Die Wäscheleine muss straff gespannt sein.
Du kannst auch zwei andere Kinder bitten, jeweils ein Ende der Leine festzuhalten.

▸ Öffne die Wäscheklammer. Was geschieht? Warum geschieht es?

6 Luft (3)

Schallwellen untersuchen

▸ Geräusche bewegen sich in der Luft in Form von Schallwellen fort. Kann man Schallwellen fühlen? Kann man ihre Wirkung sehen? Das kannst du ausprobieren.

Versuch 1

Du brauchst:

- ein Lineal aus Plastik
- einen Tisch

▸ Drücke das Lineal mit einer Hand fest auf die Tischplatte. Der längere Teil des Lineals steht über die Tischplatte hinaus.

▸ Drücke das überstehende Teil nach unten. Lass es plötzlich los. Was geschieht?

▸ Lege einen Finger auf den Teil des Lineals, der sich bewegt. Was spürst du?

Versuch 2

Du brauchst:

- eine Stimmgabel
- einen Tisch

▸ Schlage die Stimmgabel fest an die Tischkante und halte sie dann an dein Ohr. Was hörst du?

▸ Schlage die Stimmgabel fest an die Tischkante und halte sie danach an verschiedene Körperteile. Was stellst du fest?

Halte die Stimmgabel bei diesem Versuch immer am Fuß fest.

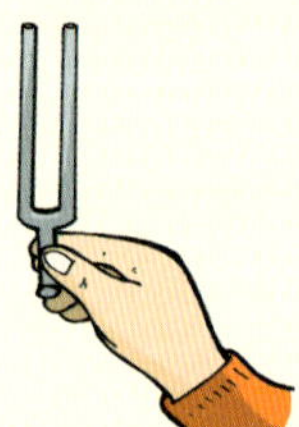

7 Wetter

Das Wetter beobachten

Versuch

Du brauchst:
- ein durchsichtiges Gefäß mit Messeinteilung
- einen Trichter
- einen Windmesser
- ein Thermometer
- Papier und Bleistift

- Stelle den Trichter in das Gefäß.
- Stelle beides so auf, dass Regen hineingelangen kann.
- Lies die Regenmenge täglich ab.
- Miss täglich die Temperatur. Miss sie zur selben Zeit an derselben Stelle.
- Schreibe täglich auf, wie stark der Wind ist.
- Zeichne täglich mithilfe von Wettersymbolen auf, wie das Wetter ist.
- Lege ein Wetterblatt an und trage täglich deine Ergebnisse darin ein.

Das Wetter in der Woche vom .... bis ....

Wochentag	Uhrzeit	Bewölkung	Temperatur	Niederschlag	Windstärke

8 Feuer

Die Verbrennung fördern oder behindern

Du brauchst:
- eine feuerfeste Unterlage
- einen Zylinder aus Glas
- einen feuerfesten Deckel für den Zylinder (zum Beispiel den Schraubdeckel aus Metall von einem Marmeladenglas)
- ein Teelicht
- drei Münzen
- Streichhölzer

Mache Versuche mit Feuer nur auf einer feuerfesten Unterlage und zusammen mit einem Erwachsenen!

Versuch 1

- Entzünde das Teelicht.
- Stelle den Zylinder darüber und verschließe ihn mit dem Deckel.

Versuch 2

- Lege die drei Münzen so unter den Zylinder, dass er nicht die Unterlage berührt.

Versuch 3

- Gehe vor wie bei Versuch 2.
- Stelle den Deckel schräg, sodass er den Zylinder nicht dicht verschließt.

- Was geschieht bei den drei Versuchen mit der Flamme? Woran liegt das?

9 Magnetismus

Die magnetische Kraft erforschen

- Die Magnetkraft ist eine unsichtbare Kraft. Ihre Wirkung können wir beobachten.
- Stelle fest, welche Gegenstände vom Magneten angezogen werden und welche nicht.

Versuch 1

Du brauchst:
- einen Magneten
- verschiedene kleinere Gegenstände (zum Beispiel einen Radiergummi, eine Büroklammer, einen Buntstift, einen Schlüssel …)
- Papier und Bleistift

- Erstelle eine Tabelle.
- Probiere aus, welche Gegenstände angezogen werden und welche nicht. Trage die Ergebnisse in deine Tabelle ein. So kann deine Tabelle aussehen:

Gegenstand	wird angezogen	wird nicht angezogen

- Haben die Gegenstände, die vom Magneten angezogen werden, etwas gemeinsam? Was haben sie gemeinsam?

Versuch 2

Du brauchst:
- einen Magneten
- eine Stricknadel aus Metall

- Nimm einen Magneten und streiche ihn immer in eine Richtung an einer Stricknadel entlang.
- Was geschieht mit der Nadel? Probiere es aus.

10 Elektrischer Strom

Eine Morseanlage entwickeln

- Früher wurden mit elektrisch erzeugten Lichtsignalen Botschaften übermittelt. Dafür wurde das Morsealphabet entwickelt.
- Die Buchstaben dieses Alphabets bestehen aus langen Signalen (Striche) und kurzen Signalen (Punkten).
- Eine Morseanlage kannst du selbst herstellen. Auf Seite 6 im Buch wird erklärt, dass die Glühlampe im geschlossenen Stromkreis leuchtet.
  Wenn du in diesen Stromkreis einen Schalter einbaust, kannst du kurze und lange Lichtsignale morsen.

Morsealphabet

A = •–	N = –•
B = –•••	O = –––
C = –•–•	P = •––•
D = –••	Q = ––•–
E = •	R = •–•
F = ••–•	S = •••
G = ––•	T = –
H = ••••	U = ••–
I = ••	V = •••–
J = •–––	W = •––
K = –•–	X = –••–
L = •–••	Y = –•––
M = ––	Z = ––••

Versuch

Du brauchst:
- eine Flachbatterie mit 4,5 Volt
- eine Glühlampe mit Fassung
- einen Schalter
- Kabel
- Krokodilklemmen oder Büroklammern

- Verbinde das Zubehör wie abgebildet, damit ein Stromkreis entsteht.
- Wenn der Blechstreifen des Schalters die Schraube berührt, ist der Stromkreis geschlossen und die Glühlampe leuchtet.
- Denke dir kurze Botschaften aus, zum Beispiel SOS. Lass andere deine Botschaften entschlüsseln.

11 Energie

Den Energieverbrauch messen – Energie sparen

- Die Gewinnung elektrischer Energie ist aufwändig und manchmal schädlich für die Umwelt. Wir sollten elektrischen Strom deshalb sparsam nutzen.
- Einige Geräte verbrauchen nur wenig Energie. Andere verbrauchen sehr viel Energie.
- Einige Geräte verbrauchen auch Strom, wenn sie ausgeschaltet sind. Sie befinden sich dann im sogenannten Stand-by-Modus. „Stand-by" bedeutet „Bereitschaft".
- Welche Geräte sind sparsam im Stromverbrauch und welche Geräte sind „Stromfresser"? Das kannst du herausfinden.

Versuch

Du brauchst:

- ein Strommessgerät
- verschiedene elektrische Geräte

Strommessgeräte gibt es in Bau- oder Elektromärkten. Man kann sie auch bei Energiebetreibern ausleihen.

Lass dir bei diesem Versuch von einem Erwachsenen helfen!

- Schließe das Strommessgerät an verschiedene elektrische Geräte an. Schreibe auf, wie viel Strom sie verbrauchen.
- Werte deine Ergebnisse aus.
- Überlege, wie man elektrische Energie einsparen kann.

12 Technik

Das Rad

- Die Erfindung des Rades hatte für die Entwicklung von Transportmitteln eine große Bedeutung. Dies kannst du selbst feststellen.

Du brauchst:
- einen Ziegelstein
- eine feste Schnur
- Rundstäbe aus Holz
- einen Untersatz mit vier Rädern

Versuch 1

- Befestige die Schnur an dem Ziegelstein.
- Ziehe an der Schnur.

Versuch 2

- Lege die Rundstäbe nebeneinander auf den Boden.
- Befestige die Schnur an dem Ziegelstein.
- Lege den Ziegelstein auf die Rundstäbe.
- Ziehe an der Schnur.

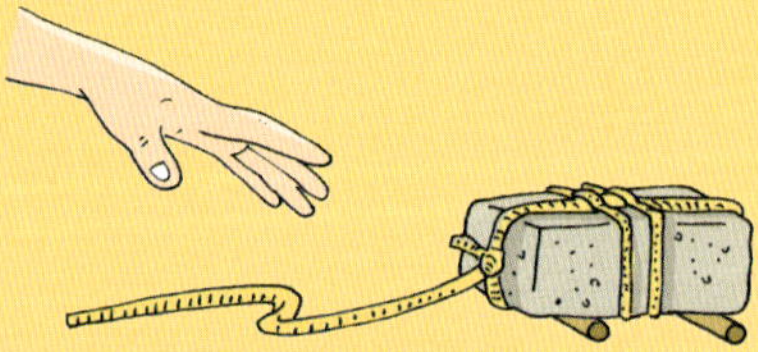

Versuch 3

- Lege den Ziegelstein auf den Untersatz mit Rädern.
- Befestige die Schnur an dem Untersatz.
- Ziehe an der Schnur.

- Führe die Versuche auf verschiedenen Untergründen aus. Wie und worauf rollt, rutscht oder gleitet der Ziegelstein am besten?

13 Versorgung und Entsorgung (1)

Wasser filtern

- Auf Seite 9 im Buch wird gezeigt, wie Schmutzwasser in einem Klärwerk gereinigt wird.
- Wenn Wasser im Erdboden versickert, dann wirken Erde, Sand und Kies wie ein Filter und reinigen das Wasser. Das kannst du selbst ausprobieren.

Versuch

Du brauchst:

- einen Blumentopf mit einem Loch im Boden
- ein Gefäß mit Schmutzwasser
- eine Glasschale, in die der Blumentopf hineinpasst
- ein Sieb
- Sand, Kies, Erde und Holzkohle

- Stelle den Blumentopf in die Glasschale.
- Fülle den Blumentopf mit Kies.
- Setze das Sieb auf den Blumentopf.
- Gieße Schmutzwasser durch das Sieb in den Topf.
- Vergleiche das gefilterte Wasser mit dem Schmutzwasser.

- Wiederhole den Versuch, in dem du nacheinander Erde, Sand und grob zerkleinerte Holzkohle in den Topf gibst. Was stellst du fest?

14 Versorgung und Entsorgung (2)

Warum ist das Meerwasser salzig?

- Seit Millionen von Jahren fließt Wasser aus den Flüssen ins Meer.
- Mit dem Wasser gelangen Mineralien und Salze in die Meere.
- Aus den Meeren verdunstet ständig Wasser, deshalb nimmt der Salzanteil in den Meeren ständig zu.
- Im Durchschnitt enthält ein Liter Meerwasser etwa 35 Gramm Salz. Wie sich der Salzgehalt von Wasser verändert, kannst du mit einem Versuch ausprobieren.

Versuch

Du brauchst:

- zwei gleich große Gläser
- Wasser
- einen Teelöffel
- Salz

- Fülle in beide Gläser die gleiche Menge Wasser.
- Rühre in beide Gläser einen Teelöffel Salz ein.
- Stelle beide Gläser an verschiedene Orte. Ein Glas kommt an einen warmen oder sonnigen Platz. Das andere Glas stellst du an einen kühlen oder schattigen Platz.
- Warte mehrere Tage ab. Vergleiche den Inhalt der beiden Gläser. Was stellst du fest? Woran liegt das?

- Übrigens: Nicht alle Meere enthalten gleich viel Salz. Woran könnte dies liegen?

15 Wald (1)

Bäume erkennen

- Wähle Laubbäume und Nadelbäume aus deiner Umgebung aus. Betrachte sie genau.
- Notiere ihre Merkmale.
- Zeichne sie. Pflanzenführer und das Internet können dir dabei helfen.
- Lege eine Baumkartei an. Hier findest du zwei Beispiele.

Birke (Laubbaum)

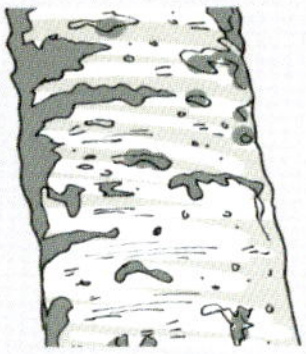

Rinde: weiß, glatt

Blüte: Kätzchen

Frucht: Nussfrucht, länglich

Kiefer (Nadelbaum)

Rinde: dunkel

Blüte: gelb, aufrecht

Frucht: Zapfen

16 Wald (2)

Bäume erforschen

- Wähle einen Baum aus deiner Umgebung aus, der dir besonders gut gefällt.
- Um ihn genauer zu erforschen brauchst du:
  - eine Schachtel, zum Beispiel einen Schuhkarton
  - Papier und Stifte
  - einen Fotoapparat

- Setze dich in einigem Abstand von deinem Baum hin und zeichne seinen Umriss.
- Mache ein Foto von dem Baum.
- Untersuche ein Blatt deines Baumes, zeichne es ab und beschreibe es.
- Betrachte und erfühle die Rinde des Baumes. Lege ein Blatt Papier auf die Rinde und reibe vorsichtig mit einem Stift darauf.

- Suche unter deinem Baum nach Dingen, die von dem Baum stammen und lege sie in deine Schachtel. Schreibe den Namen deines Baumes darauf.
- In Büchern über Bäumen und im Internet kannst du mehr über deinen Baum erfahren.

17 Lebensraum Wasser

Ein Gewässer erforschen

- Wenn du ein Gewässer untersuchst, musst du einige Regeln beachten:
  - Reiße keine Pflanzen aus.
  - Zertrample nicht das Ufer.
  - Setze entnommene Tiere dorthin zurück, wo du sie gefunden hast.

Versuch

Du brauchst:
- einen feinmaschigen Kescher
- einen Plastikbehälter mit Deckel, zum Beispiel leere Eisbehälter oder Joghurtbecher
- Bestimmungsbücher

- Beobachte den Teich eine Zeitlang.
  Achte auf alles, was du siehst und hörst.
- Fülle deine Behälter mit Wasser aus dem Gewässer, das du erkundest.
- Fische mit dem Kescher vorsichtig Kleintiere aus dem Gewässer.
- Hebe sie für kurze Zeit in den Behältern auf.
  Achte darauf, dass sie vor der Sonne geschützt sind.
  - Beobachte die Tiere und zeichne sie.
    Schau in den Bestimmungsbüchern nach, wie die Tiere heißen.
  - Setze sie dann zurück in das Gewässer.

18 Mensch (1)

Den Puls messen

- Dein Herz pumpt das Blut in regelmäßigen Stößen durch deinen Körper. Diese Stöße kannst du als Pulsschlag spüren.
- Dort, wo die Adern direkt unter der Haut verlaufen, kannst du den Puls am besten fühlen.
  Meist wird der Puls deshalb am Handgelenk gemessen.

So misst du deinen Puls:

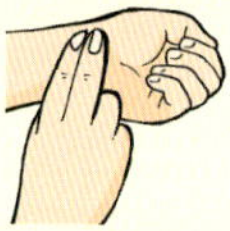

Versuch

Du brauchst:
- eine Uhr mit Sekundenzeiger oder eine Stoppuhr
- Papier und Stift

- Lege eine Tabelle an.
- Miss deinen Puls, wenn du ausgeruht bist.
- Miss deinen Puls, wenn du gelaufen bist.
- Miss deinen Puls, wenn du …
- Zähle deine Pulsschläge jeweils 60 Sekunden lang.
- Trage deine Ergebnisse in deine Tabelle ein.

Tätigkeiten	Pulsfrequenz

19 Mensch (2)

Kartoffeln untersuchen

- Kartoffeln enthalten verschiedene Inhaltsstoffe.
  Einer der wichtigsten Inhaltsstoffe der Kartoffel ist Stärke.
- Mit einem Versuch kannst du feststellen, wie groß der Anteil von Stärke in Kartoffeln ist.

Versuch

Du brauchst:
- mehrere rohe Kartoffeln
- eine Gemüsereibe
- ein Geschirrtuch
- eine Schüssel
- ein Gefäß für das Wasser

- Schäle die Kartoffeln.
- Lege das Geschirrtuch auf die Schüssel.
- Reibe die geschälten Kartoffeln so, dass der Brei auf das Geschirrtuch fällt. Knote das Geschirrtuch zu.

- Drücke die geriebenen Kartoffeln durch das Tuch in die Schüssel.

- Lass die Flüssigkeit über Nacht stehen.
- Gieß am nächsten Tag das Wasser vorsichtig in ein Gefäß.
- Was nach dem Ausgießen des Wassers übrig geblieben ist, ist Stärke.

- Die ausgedrückten Kartoffeln können noch zur Herstellung von Kartoffelpuffern verwendet werden.

20 Mensch (3)

Milch untersuchen

- Auch Milch enthält verschiedene Inhaltsstoffe.
  Dazu gehören Wasser, Fett, Eiweiß und Milchzucker.
- Auch diese Inhaltsstoffe kannst du voneinander trennen.

Versuch 1

Du brauchst:
- ein Glas Vollmilch
- eine halbe Zitrone
- einen Filter
- ein leeres Glas und einen Löffel

- Gib den Saft der Zitrone in das Glas mit Milch.
- Verrühre die Mischung.
- Gieße die Flüssigkeit durch den Filter in das Glas.

Versuch 2

Du brauchst:
- ein Glas frische Milch vom Bauernhof oder Vorzugsmilch
- ein Löschblatt oder eine Filtertüte
- Wasser
- einen Löffel und einen Stift

- Lass die Milch über Nacht stehen, bis sich eine Rahmschicht bildet.
- Schöpfe den Rahm mit dem Löffel ab.
- Gib einen Tropfen auf das Löschblatt.
- Gib daneben einen Tropfen Wasser.
- Umrande beide Tropfen mit dem Stift. Warte zehn Minuten.
- Was beobachtest du? Welche Inhaltsstoffe hast du aus der Milch getrennt?

21 Mensch (4)

Zucker und Fette

- Zucker schmeckt gut, ist aber schädlich für die Zähne. Zu viel Zucker ist auch ungesund.
- Fett ist für eine gesunde Ernährung notwendig. Aber zu viel Fett macht dich träge. Überflüssige Fette lagert der Körper ab.
- Zucker und Fette sind in vielen Nahrungsmitteln versteckt. Wenn du herausfinden willst, wie viel Zucker und Fett in den Nahrungsmitteln enthalten ist, musst du dir die Liste der Zutaten anschauen. Sie ist meist in kleiner Schrift auf der Rückseite einer Packung angebracht.
- Ein Beispiel:
  100 Gramm Nuss-Nugat-Creme enthält:
  - 56 Gramm Zucker,
  - 32 Gramm Fett.

- Schau dir verschiedene Produkte an und sieh nach, wie viel Fett und Zucker sie enthalten.
- Rechne aus, wie viel Zucker und Fett dies bei 100 Gramm sind. So kannst du die Anteile bei verschiedenen Produkten besser vergleichen. Erstelle eine Liste.

100 Gramm Schokolade	100 Gramm Kekse	100 Gramm Gummibärchen	100 Gramm Ketchup
g Fett	g Fett	g Fett	g Fett
g Zucker	g Zucker	g Zucker	g Zucker

22 Orientierung/Kartenkunde (1)

Schulwege erkunden

- Um einen Schulwegeplan zu erstellen, solltest du mit anderen Kindern aus deiner Klasse zusammen arbeiten.

Einen Schulwegeplan erstellen

Ihr braucht:
- einen großen Bogen festes Papier
- einen Stift
- einen Fotoapparat

- Erkundet gemeinsam eure Schulumgebung.
- Schaut euch die Häuser an, in denen eure Mitschüler wohnen.
- Macht Fotos von den Häusern.
- Macht ein Foto von eurer Schule.
- Befestigt den Papierbogen auf dem Boden.
- Zeichnet die Wege ein, die von der Schule zu den Häusern der Kinder eurer Klasse führen.
- Klebt die Fotos der Gebäude dorthin, wo sie stehen. Ihr könnt die Gebäude aber auch einzeichnen.
  Klebt dann Fotos der Kinder, die in diesen Gebäuden wohnen, daneben.

23 Orientierung/Kartenkunde (2)

Himmelsrichtungen erkunden

- Um die Himmelsrichtungen zu erkennen, hilft dir ein Blick auf den Stand der Sonne.

Im Osten geht die Sonne auf.
Im Süden nimmt sie ihren Lauf.
Im Westen wird sie untergehen.
Im Norden ist sie nie zu sehen.

- Die Nadelspitze von einem Kompass zeigt immer nach Norden. Dadurch kannst du feststellen wo Süden, Osten und Westen liegen.

- Nicht immer ist die Sonne zu sehen. Nicht immer hat man einen Kompass dabei. Es gibt aber noch andere Tricks, mit deren Hilfe du die Himmelsrichtungen erkennen kannst:
  - Bei den meisten alten Kirchen stehen die Türme im Westen und der Altar steht im Osten. Satellitenschüsseln an Häusern und auf Balkonen sind meist nach Süden ausgerichtet.
  - Die Jahresringe von Baumstümpfen rücken auf der Wetterseite enger zusammen. Die Wetterseite liegt bei uns meist im Nordwesten.
  - Einzeln stehende Bäume sind oft an der Regenseite bemoost. Der Regen kommt bei uns meist von Westen.
  - Waldameisen legen ihren Bau meist an der Südseite eines Baumes an.
- Suche in deiner Umgebung nach diesen Zeichen. Prüfe mit einem Kompass, ob deine Vermutungen stimmen.

24 Werbung, Wünsche und Bedürfnisse

Meinungsforschung

- Meinungsforscher sind Forscher, die untersuchen, was Menschen über verschiedene Dinge denken, welche Meinung sie dazu haben.
- Dazu befragen sie viele Menschen zu einem Thema. Statt Befragung sagt man auch Interview. Interviews kannst du auch durchführen, zum Beispiel zum Thema Taschengeld.

Interviews zum Thema Taschengeld

Du brauchst:
- Papier und einen Stift
- ein Aufnahmegerät
- Menschen, die du befragen kannst

- Überlege dir vorher, was du fragen willst. Schreibe deine Fragen auf.
- Gehe mit deinen Fragen und einem Aufnahmegerät dorthin, wo möglichst viele Menschen sind, zum Beispiel in der Pause auf einem Schulhof.
- Höre dir hinterher die Antworten noch einmal an.
- Werte dann die Antworten aus.
  - Notiere, welche Antworten häufig vorkommen und welche selten.
  - Welche Antworten waren besonders häufig?
  - Welche Antworten waren ungewöhnlich oder selten?
  - Haben wohl alle die Wahrheit gesagt?